KB186442

수학 소녀의 비밀노트

수열의 고백

수학 소녀의 비밀노트

수열의 고백

2015년 3월 10일 1판 1쇄 발행
2023년 7월 5일 2판 3쇄 발행

지은이 | 유키 히로시
옮긴이 | 박은희
펴낸이 | 양승윤

펴낸곳 | (주)와이엘씨
서울특별시 강남구 강남대로 354 혜천빌딩 15층
(전화) 555-3200 (팩스) 552-0436

출판등록 | 1987. 12. 8. 제1987-000005호
http://www.ylc21.co.kr

값 17,500원

ISBN 978-89-8401-244-8 04410
ISBN 978-89-8401-240-0 (세트)

영림카디널은 (주)와이엘씨의 출판 브랜드입니다.
• 소중한 기획 및 원고를 이메일 주소(editor@ylc21.co.kr)로 보내주시면,
출간 검토 후 정성을 다해 만들겠습니다.

유키 히로시 지음
박은희 옮김
전국수학교사모임 감수

영림카디널

감수의 글

인간은 자신의 의지와 상관없이 사물이나 자연의 현상을 보면 공통점과 차이점을 찾으려 한다. 그런 습관은 수학의 도구인 수를 관찰하는 과정에서도 동일하게 나타나기 마련이다. 예를 들어 다음과 같은 수들이 일정한 규칙을 가지고 나열된 모양을 보게 되면 자연스럽게 그 규칙을 찾으려 한다.

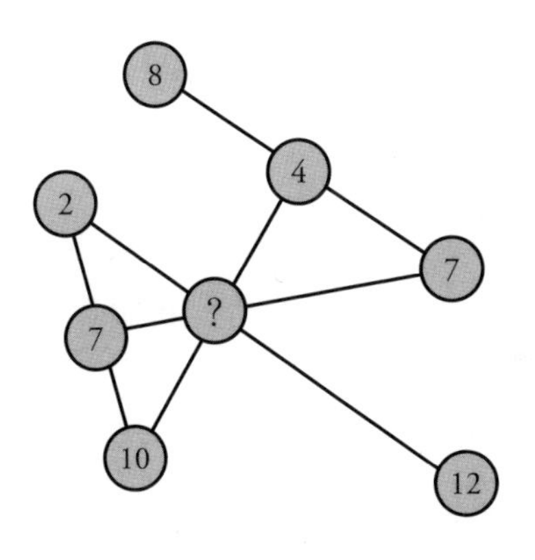

이런 특징은 인류가 오랜 세월 동안 이성적 사고를 중요하게 생각하며 살아온 삶의 환경이 이런 무의식적 현상을 만들지 않았나 생각해본다. 즉, 사람들은 살아가는 삶 속에서 변화하는 사물에 대해서 그 규

칙성을 발견하고 추상적인 것에서 구체적인 특징을 찾는 것을 즐긴다.

그렇다면 사람은 어떻게 수의 규칙을 정의하고 만들어 갔을까? 그 발전사를 탐구하다 보면 수없이 많은 사례들이 있지만 저자는 이 책에서 변하는 수의 간단한 관계에 주목하여 문제를 해결하고자 한다. 즉 나열되어 있는 수들 중 인접한 두 수의 차를 통해 수열이 갖는 다양한 규칙을 찾겠다는 것이다.

다시 말하면 다음과 같이 수가 나열되면

1, 2, 3, 4, 5, 6, 7, 8, ⋯

뒤의 수에서 앞의 수를 뺀 차가 이 수열의 규칙을 만든다는 것이다.

1, 1, 1, 1, 1, 1, ⋯

우리는 이런 수의 규칙을 다음과 같이 뒤의 항과 앞의 항의 차가 자신과 동일하게 구현된 수열에서도 그 일반항이 갖는 특징을 찾으려 한다는 것이다.

1, 1, 2, 3, 5, 8, 13, 21, (?), ⋯
(차가 만드는 수열도 1, 1, 2, 3, 5, 8, 13, 21, (?), ⋯이다.)

사실 사람이 처음부터 일정한 규칙을 한 번에 발견한 것은 아니다. 즉, 명제 p(n): "모든 자연수에 대하여 $n^2 + n + 41$은 소수이다."를 증명

하기 위하여

$$
\begin{aligned}
p(1) &: 1^2 + 1 + 41 = 43(\text{소수}) \\
p(2) &: 2^2 + 2 + 41 = 47(\text{소수}) \\
p(3) &: 3^2 + 3 + 41 = 53(\text{소수}) \\
p(4) &: 4^2 + 4 + 41 = 61(\text{소수}) \\
p(5) &: 5^2 + 5 + 41 = 71(\text{소수}) \\
p(6) &: 6^2 + 6 + 41 = 83(\text{소수}) \\
p(7) &: 7^2 + 7 + 41 = 97(\text{소수}) \\
p(8) &: 8^2 + 8 + 41 = 113(\text{소수}) \\
p(9) &: 9^2 + 9 + 41 = 131(\text{소수}) \\
p(10) &: 10^2 + 10 + 41 = 151(\text{소수}) \\
p(11) &: 11^2 + 11 + 41 = 173(\text{소수}) \\
p(12) &: 12^2 + 12 + 41 = 197(\text{소수})
\end{aligned}
$$

을 구하게 되고 이와 같은 과정을 더 진행한다 하더라도 적당히 큰 수 이상을 확인하지 않고 '모든 자연수 n에 대해 $n^2 + n + 41$은 항상 소수가 된다'고 결론을 내리지만 사실 이 결론이 틀렸음을 $n = 41$인 경우를 통해 확인할 수 있게 된다. 즉, 사람은 어떤 발견을 이루기 전에 충분히 많은 실수와 방황을 경험하게 되는 것이다. 이 책은 정수가 가지고 있는 몇 가지 특징을 수열이라는 도구를 이용해 풀어가며 설명을 한다. 이 과정을 통해 과거 인류가 단순한 규칙을 통해 세상을 보았던 방법의 한 부분을 이해하고 배우게 될 것이다.

사실 사람들은 구체적인 것에 비해서 추상적인 것을 이해하기 어려워한다. 전쟁은 비참하고 불행한 결과를 낳기 때문에 절대 피해야 한다는 말을 이해시키기는 쉽지만 전쟁을 체험하지 않은 세대에게 실감나게 그 공포를 전하기는 힘들다. 수학이 어려운 이유 중의 하나도 그것이 추상적인 대상을 다룬다는 데 있다. 그러므로 문제를 풀 때, 변수나 매개변수에 구체적인 숫자를 대입해 보는 것, 정보가 가득 찬 기호(예를 들면 Σ 같은 것)를 구체적으로 써보고 의미를 찾아보는 것은 매우 중요한 행위이다. 이를 통해 마냥 추상적인 수학이 구체적인 그림을 그리며 우리에게 다가오는 것이다. 수학 문제 풀이에도 크건 작건 간에 발견적 요소가 필요하다. 케플러가 천체 운동에 관해 계산 가능한 착안점 중에서 넓이에 주목했고, 또 멘델은 씨의 모양에 주목했듯이 이 책의 저자는 수열의 두 항 사이의 차가 갖는 규칙에 주목한다. 문제를 해결하려면 문제의 어떤 한 부분에 주목해야 한다. 오늘 저자의 일관성 있는 관찰에 주목해보는 것은 어떨까?

전국수학교사모임 회장

이동흔

독자에게

이 책에서는 유리, 테트라, 미르카, 그리고 '나'의 수학 토크가 펼쳐진다.
무슨 이야기인지 잘 모르겠더라도, 수식의 의미를 잘 모르겠더라도
중단하지 말고 계속 읽어 주길 바란다.
그리고 우리가 하는 말을 귀 기울여 들어주길 바란다.
그래야만 여러분도 수학 토크에 함께 참여하는 것이 되니까.

등장인물 소개

나 고등학교 2학년. 수학 토크를 이끌어간다. 수학, 특히 수식을 좋아한다.

유리 중학교 2학년. '나'의 사촌 여동생. 밤색의 말총머리가 특징. 논리적 사고를 좋아한다.

테트라 고등학교 1학년. 항상 기운이 넘치는 '에너지 걸'. 단발머리에 큰 눈이 매력 포인트.

미르카 고등학교 2학년. 수학에 자신이 있는 '수다쟁이 재원'. 검고 긴 머리와 금속테 안경이 특징.

어머니 '나'의 어머니.

미즈타니 선생님 내가 다니는 고등학교에 근무하고 계신 사서 선생님.

차례

제2장 시그마의 경이로움

제3장 친애하는 피보나치

제4장 시그마를 씌울까, 루트를 씌울까

제5장 미스 주사위의 극한값

프롤로그

수열은 처음부터 의문투성이였다.

1, 2, 3, 4, … 그 다음엔?

나열한다. 숫자를 나열한다.

센다. 숫자를 센다.

나열한 숫자를 센다.

1, 3, 5, 7, … 그 다음엔?

나란히 늘어선 숫자들이,

새로운 관계를 맺는다.

숫자는 외톨이가 아니다.

1, 3, 6, 10, … 그 다음엔?

나란히 있는 너와 나 사이에,

새로운 관계가 생긴다.

나는 외톨이가 아니다.

1, 4, 9, 16, … 그 다음엔?

숫자가 내게 묻는다.

다음에는 어떤 수가 오면 될까?

나도 네게 묻는다.

다음에는 어떤 수가 올 것 같아?

1, 2, 4, 8, … 그 다음엔?

물음은 답을, 답은 새로운 물음을 낳는다.

하나의 수열이 새로운 수열을 낳고,

하나의 패턴이 새로운 패턴을 낳는다.

1, 1, 2, 3, … 그 다음엔?

오셀로 게임, 기묘한 수의 나열, 신기한 주사위.

우리는 묻고, 또 답한다.

그리고 새로운 물음에 직면하게 된다.

7, 0, 7, 1, … 그 다음엔?

우리는 또다시 질문을 던진다.

자…, 다음 질문은 뭘까?

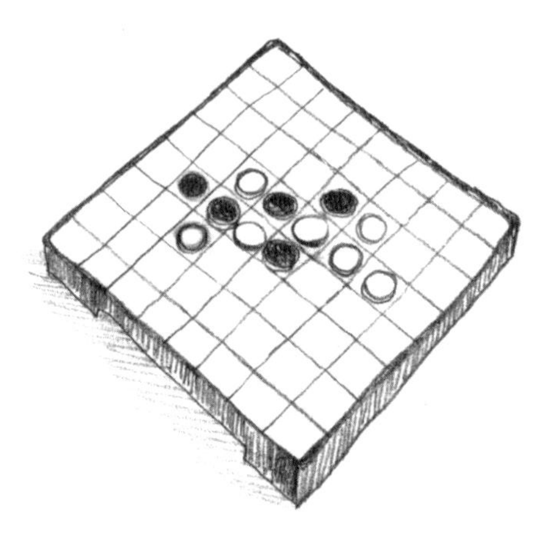

제1장

늘어선 수, 퍼져 나가는 수

"구체적인 예시만 보고도,
어떻게 규칙성을 파악할 수 있을까?"

1-1 오셀로 게임

유리 또 내가 이겼다. 오빠야 의외로 잘 못하네.

나 아냐, 네가 너무 잘하는 거야.

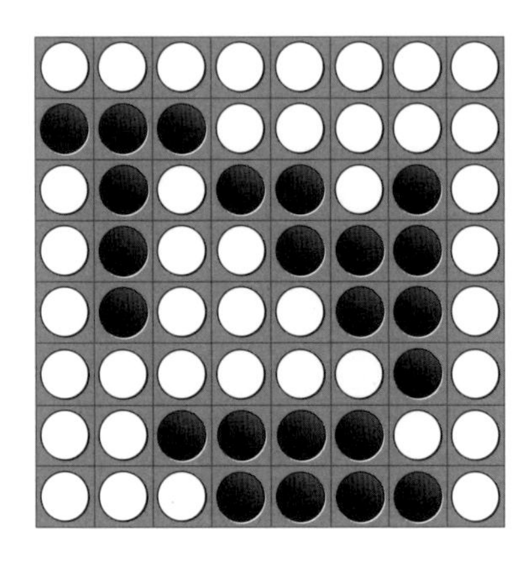

유리와 내가 있는 곳은 우리 집.

우리는 함께 거실에서 오셀로 게임을 하고 있었다.

유리가 너무 잘해서 나는 악전고투 중이다.

유리 네 귀퉁이 모두 나한테 빼앗겼으니 오빠는 완패네!

나 오셀로 게임은 이제 됐어.

나는 게임 판 위에 놓인 돌들을 모두 치운 뒤, 다시 검은 돌을 판 위에 올려놓았다.

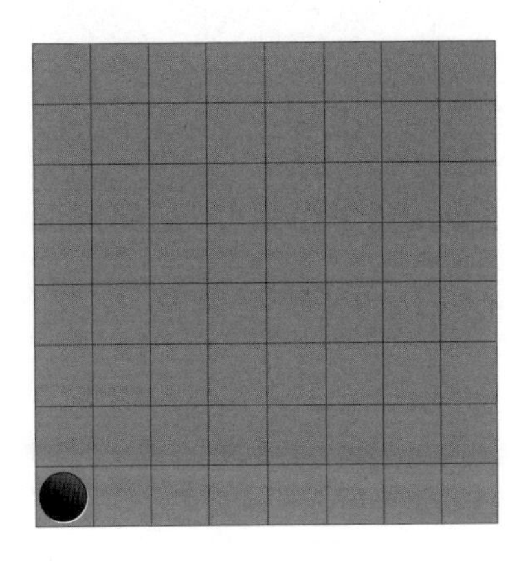

유리 있지, 오빠야, 아무리 해도 귀퉁이 자리를 차지하지 못해서 졌다지만, 처음부터 여기다 놓는 건 좀 아니지 않아? 반칙이야!

유리는 말총머리로 묶은 밤색 머리채를 흔들며 불만을 표시했다. 아직 중학교 2학년인 유리는 내 사촌인데, 나를 항상 '오빠야'라고 부른다.

나 일단 내가 어떻게 하는지 보고 있어 봐. 다음엔 이렇게 할 거야.

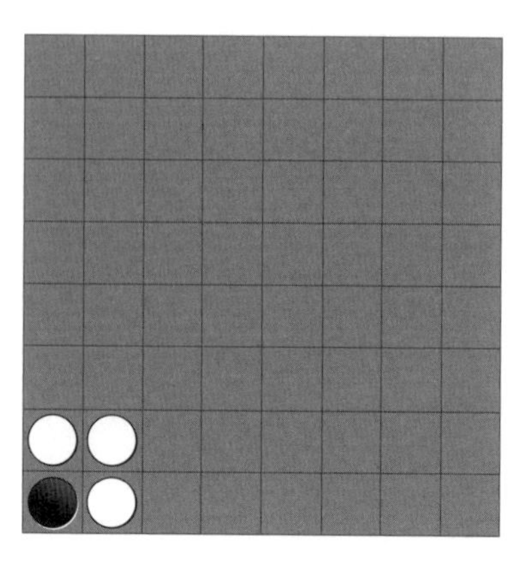

유리 응? 새로운 게임 규칙이라도 만들려고?

나 다음은 이렇게.

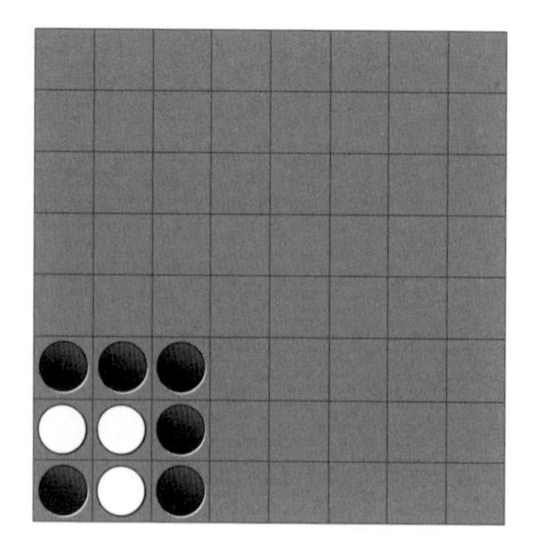

유리 아항, 이제 알았다. 귀퉁이부터 순서대로 늘어놓고 있는 거네!

나 그래. 검은 돌이 1개, 흰 돌이 3개, 검은 돌이 5개…, 그럼 다음은 어떻게 되지?

유리 쉽네. 이렇게 하면 되지?

유리는 잽싸게 흰 돌을 늘어놓았다.

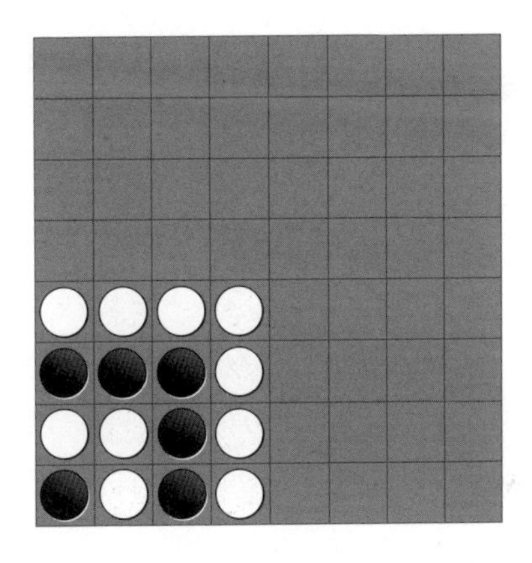

나 응, 그래. 지금 흰 돌을 몇 개 올려놓은 거지?

유리 7개야.

나 규칙성이 보여?

유리 응! 1, 3, 5, 7이지? 그럼 다음엔 9, 11, 13, 15개씩 올려

놓으면 되겠다.

나 15개 다음은?

유리 뻔하네! 17개가 답이겠지만, 오셀로 게임 판에는 15개까지만 놓을 수 있다는 거 다 알고 있어!

나 이런, 눈치챘구나.

나는 게임 판 위에 돌을 가득 올려놓았다.

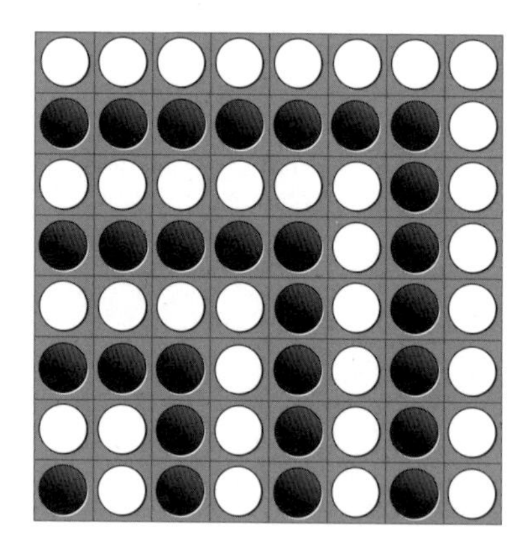

유리 얼룩말 무늬 같네.

나 그럼, 1, 3, 5, 7, 9, 11, 13, 15, …라는 건 뭐지?

유리 홀수잖아?

나 그래. 오셀로 게임 판을 넘어서서 계속 숫자를 나열한다면,

홀수가 끝없이 늘어선 수열이 되겠지.

홀수의 수열

1, 3, 5, 7, 9, 11, 13, 15, 17, 19, …

유리 수열?

나 수를 나열해서 만든 것은 뭐든 수열이야. '홀수의 수열'은 홀수를 나열해서 만든 수열이지.

유리 갑자기 무슨 얘기야? 이제 오셀로는 더 안 한다고?

나 응, 오셀로는 더 안 할래. 좀 전에 이렇게 돌들을 늘어놨잖아. ㄱ자 모양으로 늘어놓고, 점점 돌의 수를 늘려 나갔지.

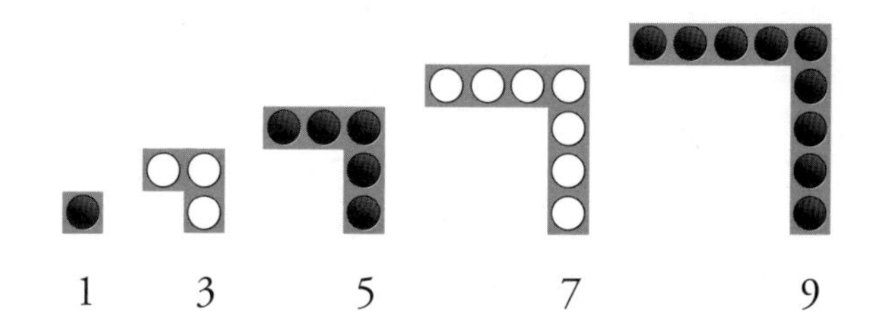

유리 응, 맞아. ㄱ자 모양.

나 그럼 이번엔 이렇게 정사각형 모양으로 정리해 볼게.

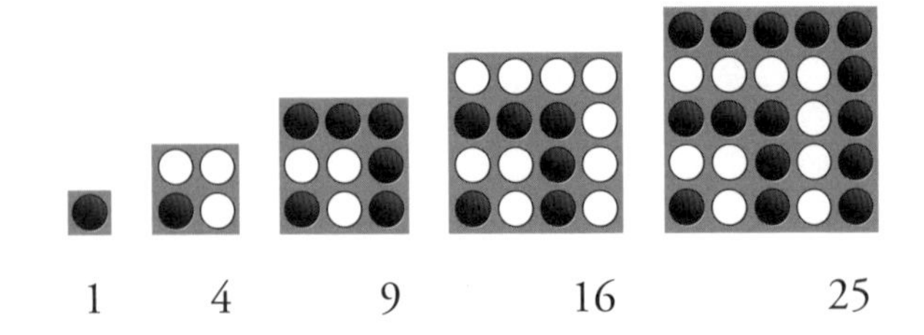

유리 글쿤, 글쿤.

나 이번엔 어떤 규칙성이 있는지 알겠어?

유리 1, 4, 9, 16, 25, … 이렇게 숫자가 커지네.

나 응. 이건 제곱수의 수열이야.

유리 제곱수?

제곱수의 수열

1, 4, 9, 16, 25, …

나 정사각형의 한 변의 길이가 1, 2, 3, 4, 5, …로 커지니까, 정사각형 안에 들어가는 돌의 개수는 $1 \times 1 = 1$, $2 \times 2 = 4$, $3 \times 3 = 9$, $4 \times 4 = 16$, $5 \times 5 = 25$, …로 늘어나게 되지. 이렇게 자연수를 제곱한 수가 제곱수야.

유리 흠흠, 그렇군.

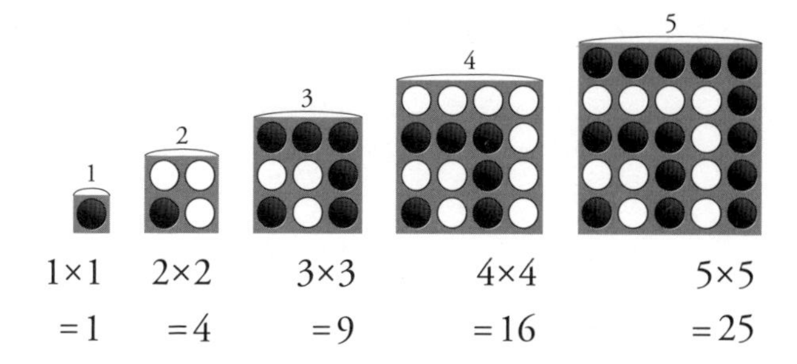

나 유리야, 이렇게 돌을 게임 판에 늘어놓으니까 게임하는 것 같지 않아?

유리 그렇지만 승자와 패자가 있는 건 아니니까 게임은 아니잖아.

나 뭐, 그렇긴 해.

1-2 규칙성과 수식(정사각형)

유리 있지, 그럼 더 재밌는 거 뭐 없어?

나 그러게…. 규칙성이 있는 곳에는 수열이 등장하지.

유리 또 시작이군, 수학 마니아. 수식으로 뭐든 다 된다고 생각하는 겐가.

나 갑자기 남의 머리 꼭대기에 앉아 있는 듯한 말투로 말하고 그래. 규칙적인 것을 수식으로 나타내면 재미있다고.

유리 예를 들면?

나 예를 들면, 아까 이야기했던 정사각형 같은 거.

유리 그 1×1 이랑 2×2 같은 거?

나 응, 그래. 한 변의 길이가 돌 1개라면, 정사각형 모양으로 놓인 돌은 $1 \times 1 = 1$개지. 1을 2번 곱하니까 $1^2 = 1$개라고도 나타낼 수 있겠지.

유리 응. 1의 제곱인 거지.

나 한 변의 길이가 돌 2개라면, 정사각형 모양으로 놓인 돌은 $2 \times 2 = 2^2 = 4$개가 되겠지.

유리 응. 그래서?

나 한 변의 길이가 돌 n개만큼이라면, 정사각형 모양으로 놓인 돌은 몇 개가 될까?

유리 $n \times n$ 이니까 n^2 개?

나 그래! 정답이야. 똑똑해, 똑똑해.

정사각형 모양으로 놓인 돌의 개수

한 변의 길이가 돌 n개라면,

정사각형 모양으로 놓인 돌은 $n \times n = n^2$개이다.

1-3 규칙성과 수식(ㄱ자 모양)

나 그럼, 이제 ㄱ자 모양에 대해 생각해 보자. 한 변의 길이가 돌 1개라면, ㄱ자 모양으로 늘어놓은 돌은 1개였지.

유리 돌 1개라면 ㄱ자 모양으로 안 보이지만 말이야….

나 한 변의 길이가 돌 2개라면, ㄱ자 모양으로 늘어놓은 돌은 3개였어.

유리 응, 홀수가 되는 거지? 1, 3, 5, 7, 9, …

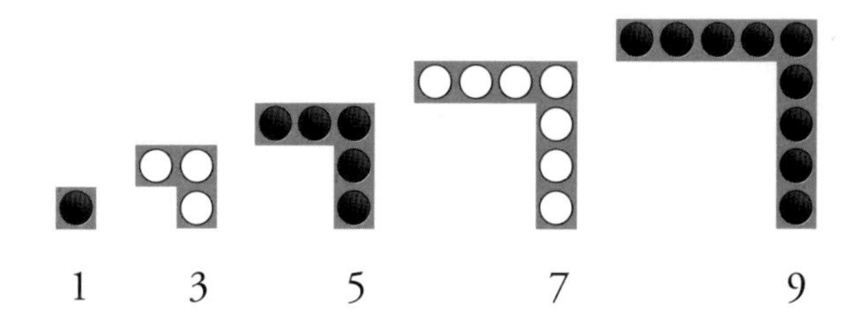

나 한 변의 길이가 돌 n개라면 ㄱ자 모양으로 늘어놓은 돌은 몇 개가 될까?

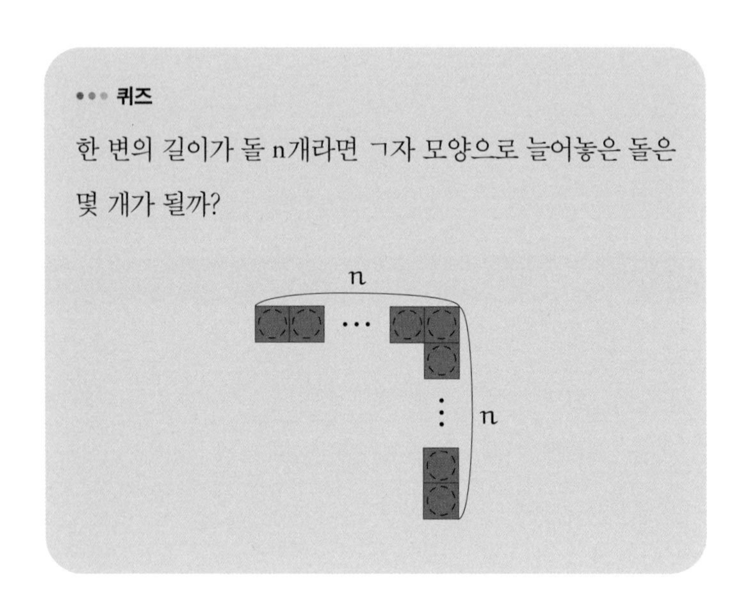

유리 뭐야, 간단하네. n을…, 엥?

유리는 시선을 위로 한 채 손가락을 사용해서 계산을 한 뒤 대답했다.

유리 응! ㄱ자 모양으로 늘어놓은 돌은 2n − 1이야!

나 똑똑해, 똑똑해, 정답이야. 한 변이 돌 n개일 때, ㄱ자 모양으로 늘어놓은 돌은 $2n-1$개야. 이렇게 가로로 n개, 세로로 $n-1$개가 있다고 생각하면, 답은 그 둘의 합인 $2n-1$개라는 걸 알 수 있지.

퀴즈의 답

한 변의 길이가 돌 n개일 때, ㄱ자 모양으로 늘어놓은 돌은 $2n-1$개다.

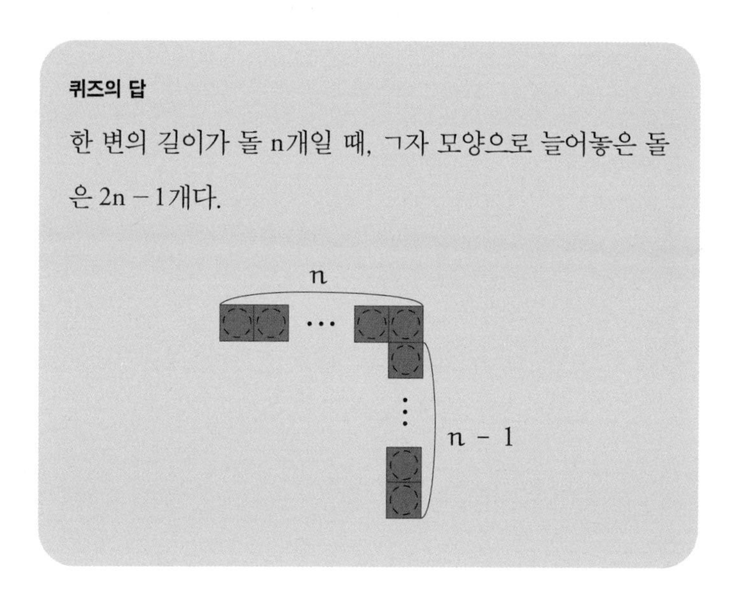

유리 있지, 좀 걱정이 되었던 게 $2n-1$이라는 식에 마이너스 1이 들어가 있다는 점이야. 마이너스가 들어가나? 하는 생각이 들었어.

나 응, 그럴 것 같았어. 그래서 $n=1$일 때 $2n-1$은 1이 되고,

$n=2$일 때 3이 되는지 암산으로 확인해 본 거지?

유리 맙소사, 어떻게 안 거야? 텔레파시?

나 아는 게 당연하지.

유리 말도 안 돼….

나 '정사각형'과 'ㄱ자 모양'에서 한 변이 n일 때 돌의 개수는 이제 잘 알겠지?

유리 응, 잘 알겠어.

한 변이 n일 때 돌의 개수

$$\text{정사각형의 돌의 개수} = n^2$$

$$\text{ㄱ자 모양의 돌의 개수} = 2n-1$$

나 ㄱ자 모양을 크기가 작은 것부터 순서대로 쌓으면 정사각형 모양이 생긴다는 것도 이제 알겠지. 예를 들어 ㄱ자 모양을 8개 쌓아놓으면 오셀로 판을 만들 수 있지.

유리 흠흠.

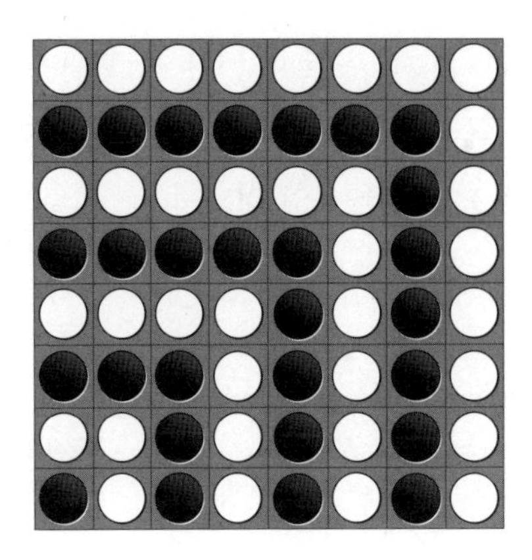

나 이렇게 쌓아나가는 걸 보고 있으면 다음 수식을 떠올릴 수 있어.

$$1+3+5+7+9+11+13+15=8^2$$

유리 엥?

나 좌변에 $1+3+5+7+9+11+13+15$는 뭘까?

유리 ㄱ자 모양의 돌 개수를 더한 거지.

나 맞아. 그럼 우변에 있는 8^2은?

유리 오셀로 판 전체. 정사각형 모양으로 늘어놓은 돌의 개수야.

나 맞아, 맞아! 'ㄱ자 모양을 더한 돌의 개수'와 '정사각형 모양으로 늘어놓은 돌의 개수'가 같다는 것이 이 등식으로 나타내고 싶은 내용인 거지.

$$\underbrace{1+3+5+7+9+11+13+15}_{\text{ㄱ자 모양을 더한 돌의 개수}} = \underbrace{8^2}_{\text{정사각형 모양으로 늘어놓은 돌의 개수}}$$

유리 그런 거 이미 다 아는 얘기잖아!

나 이렇게 해야 일반화가 가능해.

유리 무슨 말이야?

나 오셀로 판을 사용해서 나타내다 보니 15에서 멈췄지만, 사실은 계속 숫자를 키워나갈 수 있어. 이것을 n이라는 문자를 사용해서 나타낼 수 있지. '문자를 사용한 일반화'야.

유리 무슨 말인지 모르겠는데.

나 이런 식이 성립한다는 말이야.

$$1+3+5+\cdots+(2n-1)=n^2$$

유리 ?

나 좌변은 1부터 차례대로 홀수를 더하고 있어. 하지만 '15까지'가 아니라 '$2n-1$까지' 더한 거야. 중간 과정은 생략했지만.

유리 아, 무슨 말인지 알겠어.

나 우변은 한 변이 n개인 정사각형에 늘어놓은 돌의 수야. 물론 n^2개가 되겠지.

유리 그렇군….

나 말로 하자면 이런 거야. '1부터 n개의 홀수를 더한 수'는 '제곱수 n^2'과 같다.

'1부터 n개의 홀수를 더한 수'는 '제곱수 n^2'과 같다.

$$1+3+5+\cdots+(2n-1)=n^2$$

유리 엥? n개의 홀수라고? $2n-1$개의 홀수가 아니고?

나 아냐, 틀렸어. $2n-1$이라는 건 지금까지 더한 홀수 중에서 가장 큰 수, 그 '자체'를 가리키는 거야. 내가 말한 n개의 홀수라는 건 전부 더한 홀수의 '개수'고.

유리 음음음음?

나 구체적인 예를 들어 생각해 보면 이해가 될 거야. 1+3+5+

$\cdots + (2n-1) = n^2$의 n에 1부터 차례로 큰 값을 넣어 보자.

$$\underbrace{1}_{1개} = 1^2 \quad (n=1일\ 때)$$

$$\underbrace{1+3}_{2개} = 2^2 \quad (n=2일\ 때)$$

$$\underbrace{1+3+5}_{3개} = 3^2 \quad (n=3일\ 때)$$

$$\underbrace{1+3+5+7}_{4개} = 4^2 \quad (n=4일\ 때)$$

$$\underbrace{1+3+5+7+9}_{5개} = 5^2 \quad (n=5일\ 때)$$

$$\underbrace{1+3+5+7+9+11}_{6개} = 6^2 \quad (n=6일\ 때)$$

$$\underbrace{1+3+5+7+9+11+13}_{7개} = 7^2 \quad (n=7일\ 때)$$

$$\underbrace{1+3+5+7+9+11+13+15}_{8개} = 8^2 \quad (n=8일\ 때)$$

$$\vdots$$

$$\underbrace{1+3+5+7+9+11+13+\cdots+(2n-1)}_{n개} = n^2 \quad (일반형)$$

유리 아, 이제 이해가 됐어, 오빠야. 1부터 홀수를 n개 더할 때, 마지막 홀수는 $2n-1$이라는 얘기네.

나 그래, 맞아.

유리 오빠야가 직접 써서 설명해 주니 n이 뭔지 이제 알겠어. 문자가 나왔을 때 실제로 수를 넣어 보면 쉽게 알 수 있네.

나 정답! 그 말이 맞아.

유리 …그런데, 오빠야.

나 왜?

유리 있지….

나 왜 그래.

유리 있지, 오빠야는 나한테 칭찬을 많이 해주네. 잘한다고.

나 아, 그런가?

유리 칭찬받는 거, 기분 좋아!

나 그래.

1-4 하나씩, 하나씩

나 이번에는 돌을 다른 모양으로 놓아 보자.

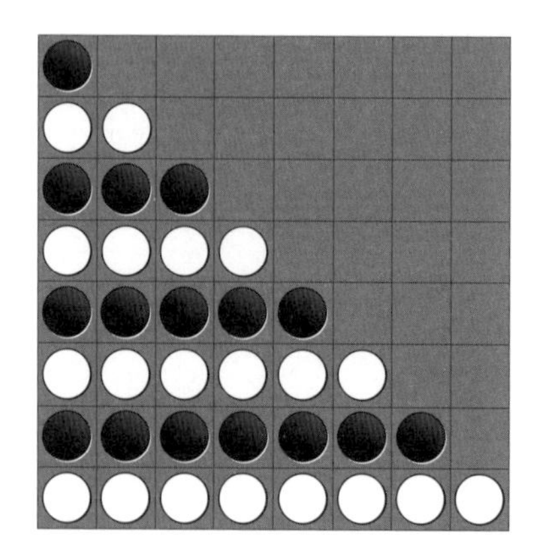

유리 재미없게 생겼는걸.

나 아직 그렇게 말하긴 일러. 각 줄마다 돌이 몇 개인지 세어 봐. 뭐가 보이니?

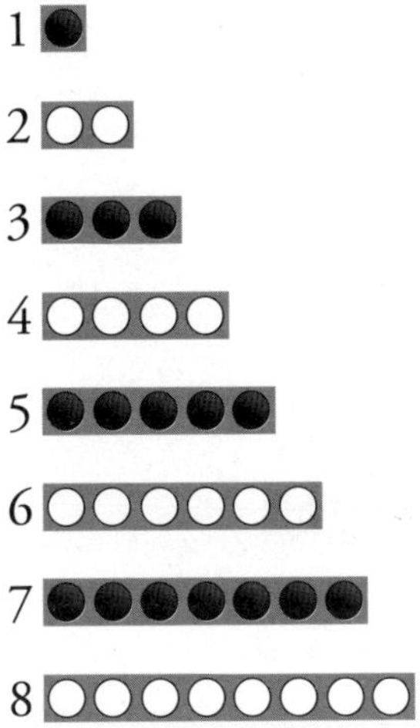

1 ●

2 ○○

3 ●●●

4 ○○○○

5 ●●●●●

6 ○○○○○○

7 ●●●●●●●

8 ○○○○○○○○

유리 뭐야, 그냥 1, 2, 3, 4, …. 그 순서 그대로잖아.

나 그렇지? 오셀로 판은 8×8 이니까, 1, 2, 3, 4, 5, 6, 7, 8까지밖에 못 늘어놓지만, 마음만 먹으면 계속 더 할 수 있어. 자연수 행렬이야.

자연수 행렬

1, 2, 3, 4, 5, 6, 7, 8, …

유리 그래서?

나 그래서 말이지, 위에서부터 차례대로 보면 항상 1씩 증가하고 있는 게 보일 거야.

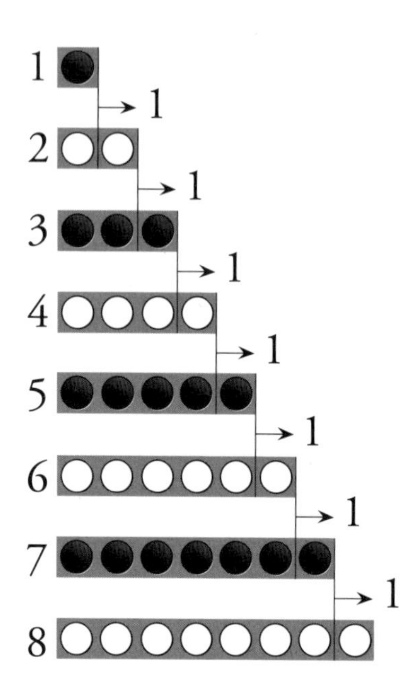

유리 그건 당연하지. 순서대로 늘어놓은 거니까.

나 1, 2, 3, …에서 새로운 수열 1, 1, 1, …이 생겼다는 건 알겠지?

유리 무슨 말이야?

나 '앞에 나온 수에서 얼마만큼 증가했는가'를 계산해서 나

열하면, 새로운 수열이 생긴다는 거야. 이렇게 쓰면 알기 쉽겠지?

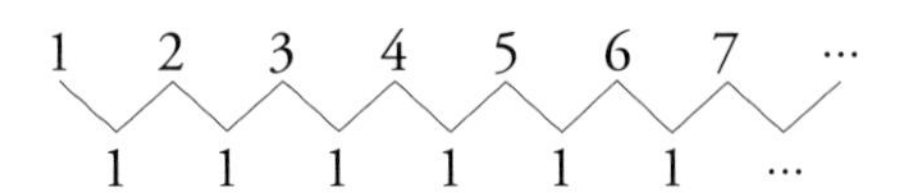

유리 흠흠.

나 수열에 속한 각각의 숫자들을 수열의 항이라고 부르는데, 1, 2, 3, …이라는 수열에서 나란히 놓인 두 항의 차를 계산해서 1, 1, 1, …이라는 또 다른 수열을 만든 거야.

유리 또 다른 수열….

나 그래. 1, 2, 3, …이라는 수열에서 1, 1, 1, …이라는 또 다른 수열을 만들었지. 이렇게 만든 수열을 계차수열이라고 해.

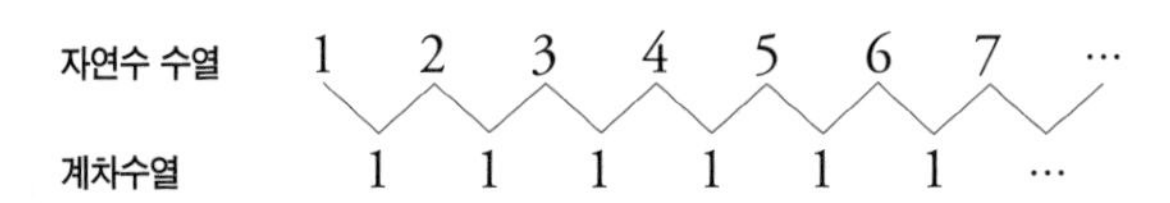

유리 계차수열…. 있지, 오빠야. 1, 1, 1, …처럼 동일한 숫자로 된 수열도 있어?

나 응 있지. 1이라는 상수가 나열된 수열이지.

유리 그렇구나.

나 그러니까 1, 2, 3, …의 계차수열은 1, 1, 1, …이라는 상수 수열이 된다고 말할 수 있겠지.

유리 흠흠.

1-5 하나 걸러

나 이번엔, 오셀로 판에 늘어놓은 돌을 '하나 걸러서' 골라내 보자. 그럼 이렇게 돼.

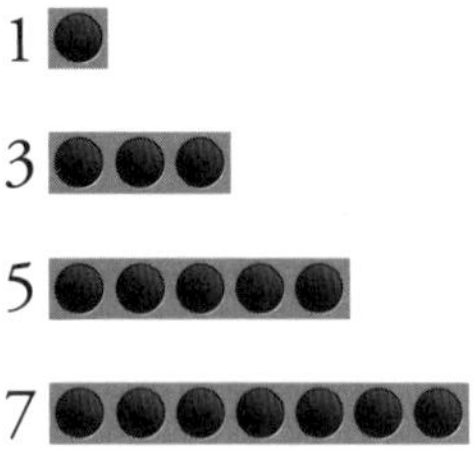

1 ●

3 ●●●

5 ●●●●●

7 ●●●●●●●

유리 하나 걸러서 골라내면, 1, 3, 5, 7이네.

나 그래. 오셀로 판이라는 제약이 없다면 1, 3, 5, 7, 9, 11, 13,

… 순으로 계속 커질 거야. 이건 홀수 수열이 되지.

홀수 수열

1, 3, 5, 7, 9, 11, 13, …

유리 흠, 흠. 그렇게 부를 수 있겠네.

나 그럼 이 홀수 수열을 위에서부터 차례대로 살펴보자. 그럼 이번엔 항상 숫자가 2씩 커진다는 걸 알 수 있지.

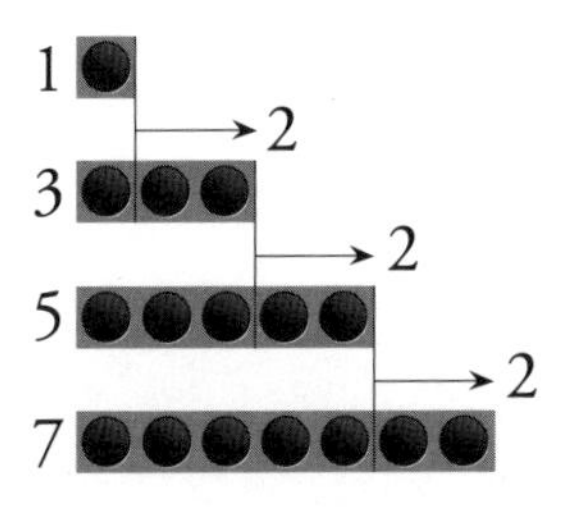

유리 자연수 수열은 1씩 커졌었잖아. 하나 걸러서 골라낸 수열에서는 2씩 커지네.

나 그럼, 홀수 수열(1, 3, 5, …)의 계차수열은 어떨까?

●●● **퀴즈**

홀수 수열(1, 3, 5,⋯)의 계차수열은?

유리 누워서 떡 먹기네! 홀수 수열(1, 3, 5, ⋯)의 계차수열은 2, 2, 2, ⋯지?

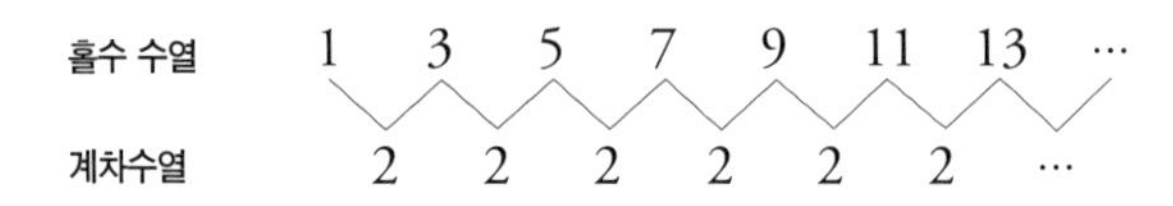

나 맞아. 2라는 상수 수열이 되지.

퀴즈의 답

홀수 수열(1, 3, 5, ⋯)의 계차수열은 2, 2, 2, ⋯라는 상수 수열이 된다.

1-6 다시 한 번, 하나 걸러

나 이번엔 홀수 수열을 제외한 나머지 숫자들을 살펴보자.

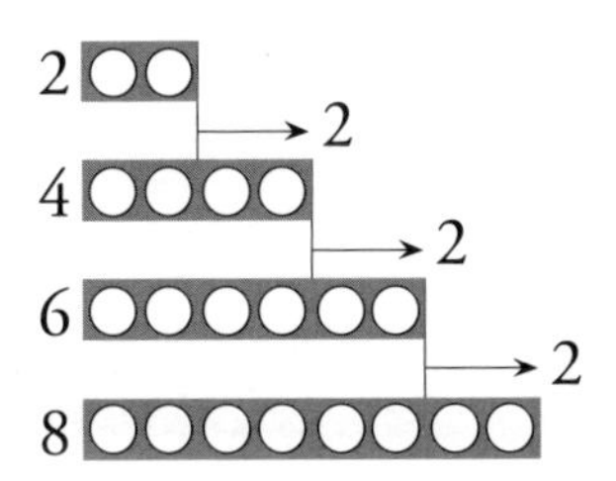

유리 짝수네.

나 응, 짝수 수열이야.

짝수 수열

2, 4, 6, 8, 10, …

나 짝수 수열의 계차수열은 어떻게 될까?

유리 이것도 누워서 떡 먹기네. 2, 2, 2, …잖아?

나 맞아.

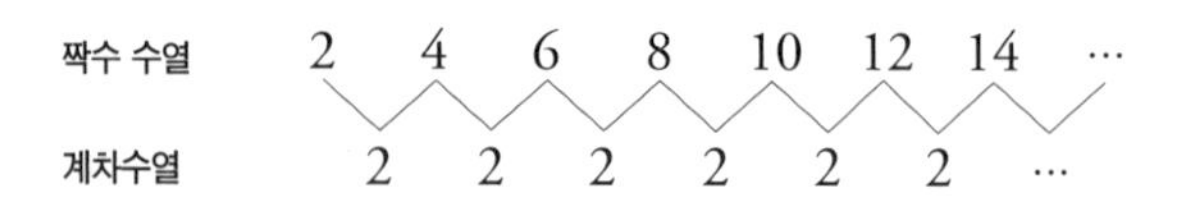

유리 홀수 수열도 짝수 수열도, 모두 계차수열은 똑같구나.

나 그래. 모두 2, 2, 2, …라는 상수 수열이 되지.

1-7 제곱수

유리 그럼, 오빠야, 계차수열은 항상 상수인 거야?

나 꼭 그렇지만은 않아.

유리 하지만 자연수도, 홀수도, 짝수도, 모두 계차수열은 상수로 이루어져 있었어.

- '자연수 수열'의 계차수열은 상수 수열 1, 1, 1, …이다.
- '홀수 수열'의 계차수열은 상수 수열 2, 2, 2, …이다.
- '짝수 수열'의 계차수열은 상수 수열 2, 2, 2, …이다.

나 그래. 하지만 예를 들어, 적당히 수열을 하나 만들어서 계차수열을 살펴보면, 상수로 이루어져 있지 않은 경우도 있어.

적당히 만든 수열	5		9		2		6		5		3		5		…
계차수열		4		−7		4		−1		−2		2		…	

유리 맞아, 그렇겠네.

나 그럼, 예를 들어, 제곱수 수열의 계차수열은 어떤 모습일까?

제곱수 수열

1, 4, 9, 16, 25, 36, …

유리 글쎄?

나 한번 계산해 봐.

유리 어, 그러면…. 아! 순서대로 빼기를 해나가면 되겠구나. 첫 번째가 $4-1=3$이고, 다음이 $9-4=5$고….

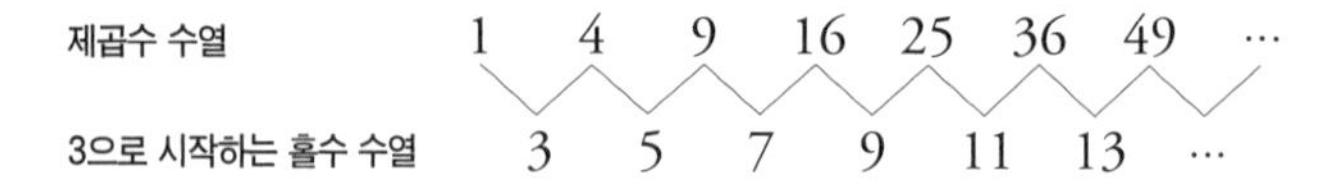

유리 다 했다. 3, 5, 7, 9, 11, 13, …. 이거 홀수 수열이잖아! 이거 ㄱ자 모양으로 놓인 돌의 개수네!

나 그래. 지금 네가 계산한 결과처럼 '제곱수 수열'의 계차수열은 '3으로 시작하고, 홀수 수열'이야.

유리 이럴 수가, 일일이 계산할 필요가 없었잖아! 오빠야한테 속았어!

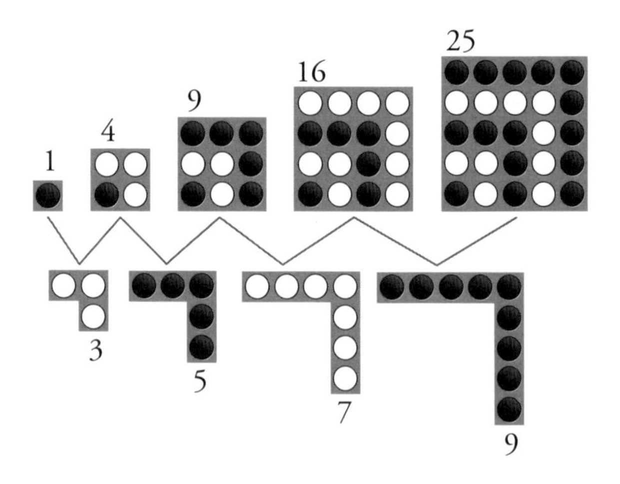

1-8 정체불명의 수열

나 그럼 퀴즈. 다음과 같은 '정체불명의 수열'에서 92 다음엔 뭐가 올까?

퀴즈(정체불명의 수열)

92 다음에 올 수는?

1, 2, 6, 15, 31, 56, 92, ?, …

유리 모르겠어.

나 깜짝이야! 유리야, 포기가 너무 빠르잖아!

유리 아니, 92가 어떻든 간에…. 답이 뭔데?

나 조금은 생각해 봤으면 하는데….

유리 1, 2, 6, 15면, 홀수랑 짝수가 뒤섞여 있잖아냐옹. 역시 잘 모르겠다고.

나 이 수열, 정말 모르겠어?

유리 이 수열, 정말 모르겠어!

나 그럴 때 사용해 보는 거야.

유리 뭘?

나 계차수열 말이야!

유리 에에엥?

나 눈앞에 있는 수열의 정체를 잘 모르는 상황이야. 즉, '정체불명의 수열'이지. 규칙성이 있는지도 잘 모르겠고, 추측도 안 돼. 그럴 때는 정체불명의 수열의 '계차수열을 구해 보기'가 답이야!

유리 우와…! 그래서, 그래서?

나 그러니까 '정체불명의 수열' 대신에 '정체불명의 수열의 계차수열'을 알아보는 거야. '계차수열은 수열의 정체를 살피는 데 도움이 되는 좋은 방법'이야.

유리 그렇군, 그렇군….

나 그럼, 여기에 정체불명의 수열 1, 2, 6, 15, 31, 56, 92, …가 있다고 하자.

유리 잠깐만, 잠깐만! 내가 할 거야…! 아, 알겠다! 제곱수 수열이네!

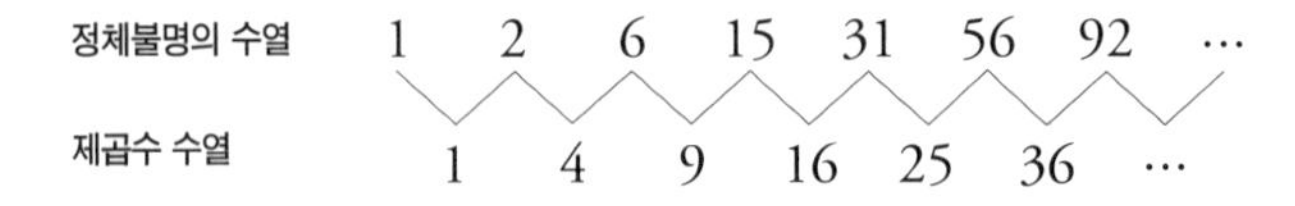

나 그래. '정체불명의 수열'의 계차수열을 구했더니, '제곱수 수열'이 되었어. 그 말은, 즉….

유리 36 다음에 올 제곱수는 7 × 7 = 49니까, 92에 49를 더해서 141이겠구나!

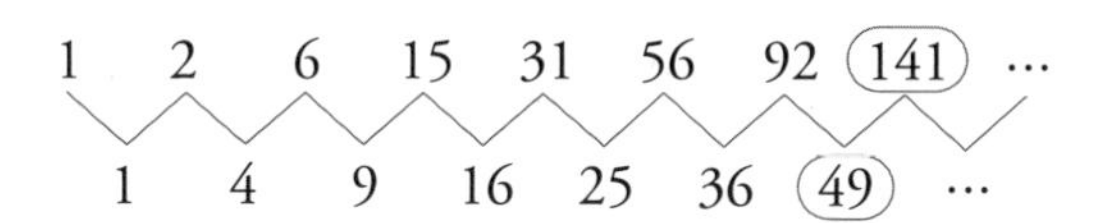

나 딩동댕, 정답이야.

유리 앗싸!

퀴즈의 답(정체불명의 수열)

92 다음에 올 수는 141이다.

1, 2, 6, 15, 31, 56, 92, 141, …

1-9 한번 더

나 그런데 말이야, 유리야. '제곱수 수열'의 계차수열을 구하면 '3으로 시작하는 홀수 수열'이잖아.

유리 그러니까, '제곱수 수열'(1, 4, 9, 16, …)의 계차수열….
아아, 아까 이야기했던 ㄱ자 모양의 수열(3, 5, 7, 9, …)이구나. 응, '3으로 시작하는 홀수 수열'이 맞아.

나 그럼, 그 '3으로 시작하는 홀수 수열'의 계차수열은 뭘까?

유리 그건 뭐, 2, 2, 2, …잖아. 처음 시작하는 숫자가 뭐든 상관없이 홀수 수열의 계차수열은 같겠지.

나 그래. 그렇다면, '제곱수 수열'의 계차수열의 계차수열은 상수 수열이 된다는 거네?

유리 오빠야, 지금 뭐라고 했어?

나 계차수열의 계차수열.

유리 아…. 응, 그렇겠다!

나 그래. '제곱수 수열'의 계차수열을 구하고, 또 그 계차수열을 구하면 상수 수열이 되지.

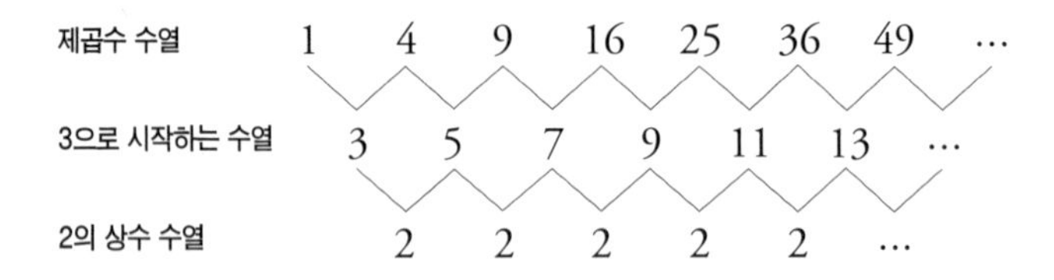

유리 헤에, 한 줄 더 늘어났어.

나 이렇게 생각을 정리해 보면, 자연수 수열, 홀수 수열, 짝수 수열, 제곱수 수열, 모두가 '한 가족'이 되지. 네 종류의 수열 모두 '반복적으로 계산하면 계차수열이 상수 수열이 된다'는 점에서 한 가족이라고 할 수 있을 거야.

유리 응응!

'반복적으로 계산하면 계차수열이 상수 수열'이 되는 수열 가족

자연수 수열	$\xrightarrow{\text{계차수열}}$	상수 수열 1, 1, 1, …
홀수 수열	$\xrightarrow{\text{계차수열}}$	상수 수열 2, 2, 2, …
짝수 수열	$\xrightarrow{\text{계차수열}}$	상수 수열 2, 2, 2, …
제곱수 수열	$\xrightarrow{\text{계차수열}}$ $\xrightarrow{\text{계차수열}}$	상수 수열 2, 2, 2, …

1-10 또다시 한 번 더

나 계차수열을 사용해서 이렇게 정리하면, 수열이 어느 '가족'에 속하는지 알 수 있어.

유리 오빠야! 한 번 더 하면 0이잖아!

나 응?

유리 계차수열을 한 번 더 계산해 보는 거야!

나 아, 그러네!

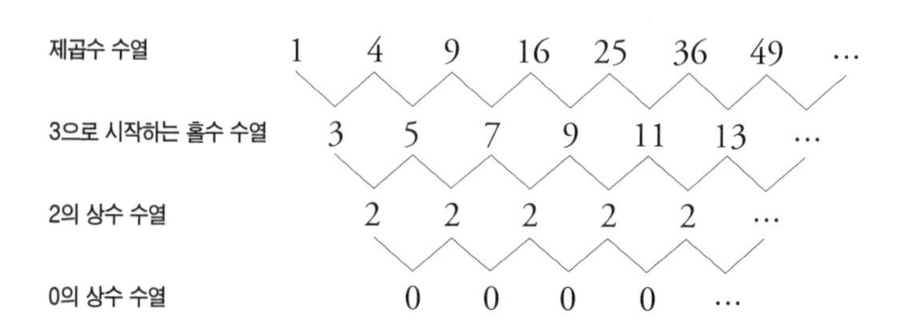

유리 그래, 그래! 제곱수 수열의 계차수열을 세 번 반복해서 계산하면, 0, 0, 0, …이 되네!

나 그래, 그게 더 한 가족 같다!

'반복적으로 계산하면 계차수열이 0, 0, 0…'이 되는 수열 가족

자연수 수열 —계차수열→ —계차수열→ 0, 0, 0, …

홀수 수열 —계차수열→ —계차수열→ 0, 0, 0, …

짝수 수열 —계차수열→ —계차수열→ 0, 0, 0, …

제곱수 수열 —계차수열→ —계차수열→ —계차수열→ 0, 0, 0, …

유리 전부 똑같은 모양이야…. 아! 오빠야, 오빠야! 아까 나왔던 '정체불명의 수열'(1, 2, 6, 15, 31, 56, 92, …)도 한 가족이네!

나 맞아!

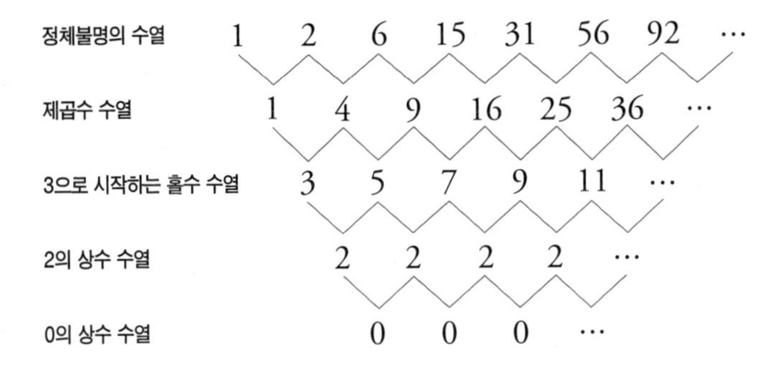

유리 오빠야! 계차수열 더 구해 보자!

"규칙성이 보이면, 왜 다른 구체적인 예도 떠오르는 것일까?"

제1장의 문제

그 문제를 이전에 본 기억은 없는가?

혹은, 그 문제를 약간 다른 형태로 본 기억은 없는가?

— 조지 폴리아(George Polya, 헝가리 출신의 수학자)

●●● 문제 1-1 (문자로 나타내기)

아래 그림처럼 정사각형 모양의 타일로 테두리를 만든다. 한 변에 쓰인 타일이 n장일 때, 전부 몇 장이 사용되었을까?

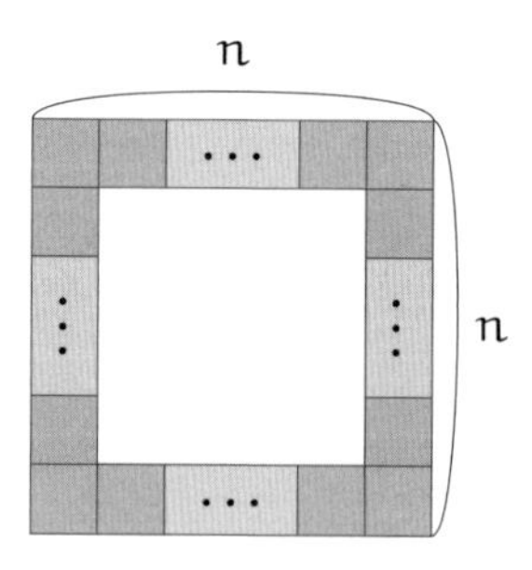

(해답은 268쪽에)

●●● **문제 1-2 (계차수열 구하기)**

다음 수열의 계차수열을 구하시오.

① 0, 3, 6, 9, 12, 15, 18, ⋯

② 0, −3, −6, −9, −12, −15, ⋯

③ 16, 14, 12, 10, 8, 6, ⋯

④ 1, 3, 6, 10, 15, 21, ⋯

(해답은 270쪽에)

●●● **문제 1-3 (계차수열 응용하기)**

① 어떤 수열의 계차수열을 계산했더니, 3, 3, 3, 3, ⋯이라는 상수 수열을 얻었다. 이때, 원래 수열이 반드시 3의 배수로 이루어진 수열이라고 할 수 있을까?

② 어떤 수열의 계차수열을 계산했더니, 0, 0, 0, 0, ⋯이라는 상수 수열을 얻었다. 이때, 원래 수열이 반드시 상수 수열이라고 할 수 있을까?

(해답은 271쪽에)

제2장

시그마의 경이로움

"무엇을 의미하는지 알기 전에는,

놀라움조차도 느껴지지 않아."

2-1 도서실에서

이곳은 내가 다니는 고등학교다. 지금은 수업이 모두 끝난 시간이다. 도서실에 갔더니, 한 학년 후배인 테트라가 열심히 책을 읽고 있었다. 하긴, 테트라는 항상 뭐든 열심이다.

나 테트라, 오늘도 독서 중이네.

테트라 아, 선배님! 사실, 그게 아니고요….

테트라는 매력 포인트인 눈을 깜빡이며 말했다.

테트라가 손에 든 책을 슬쩍 보니, 내가 풀기에도 어려운 수식으로 가득하다.

나 테트라, 엄청 어려운 책이네!

테트라 아니에요, 아니에요. 그냥 보고 있는 거예요.

나 그냥 보고 있는 거라고?

테트라 네. 선배님들께서 수학에 관한 어려운 이야기를 자주 하시니, 저도 어려운 책을 보고 싶어서요….

나 그래서 이렇게 어려운 수학책을 고른 거야?

테트라 네…. 그렇지만, 너무 무모했어요. 그냥 보고 있다고 해서 이해되는 건 아닌데 말이에요.

나 뭐, 그렇긴 해…. 나도 어려운 수학책을 가볍게 살펴보기도 하지만, 이 책은 지나치게 어려운 것 같다.

테트라 아, 그렇군요.

2-2 이상한 문자가 잔뜩 들어있는 수식

내가 옆에 앉자, 테트라는 고개를 살짝 갸웃거리며 이야기를 시작했다.

테트라 수식에 말이에요, 이상한 문자를 잔뜩 늘어놓았네요.

나 잔뜩 늘어놓았다니, 무슨 말이야?

테트라 그러니까요, 예를 들어 영어 문장에서는, 'This is a sentence.'처럼 알파벳을 일직선 위에 늘어놓잖아요.

테트라는 팔을 수평으로 움직였다.

나 뭐, 그렇지.

테트라 하지만 수학에서는 문자가 위에도 있고 아래에도 있고 그래요.

테트라는 이번엔 양손을 바쁘게 위아래로 움직였다.

나 위에도 있다는 건 지수를 이야기하는 거야?

수식에서 문자가 위에 위치하는 예(지수)

$$a^3 \qquad x^2 \qquad 2^n$$

테트라 맞아요, 그거예요!

나 거듭제곱을 나타낼 때 사용하는 지수는 '위에 위치하는 문자'네. 몇 번 숫자를 곱했는지 나타내는 숫자지.

$$a^3 = \underbrace{a \times a \times a}_{3\text{개}} \qquad \text{지수는 } 3$$

$$x^2 = \underbrace{x \times x}_{2\text{개}} \qquad \text{지수는 } 2$$

$$2^n = \underbrace{2 \times 2 \times \cdots \times 2}_{n\text{개}} \qquad \text{지수는 } n$$

테트라 맞아요.

나 '아래에 위치하는 숫자'는 아래 첨자를 말한 건가?

수식에서 문자가 아래에 위치하는 예(아래 첨자)

$$a_3 \qquad x_2 \qquad y_\mathrm{n}$$

테트라 문자가 아래쪽에 위치하면 의미가 달라지죠?

나 맞아. 아래 첨자는 수열에서는 '몇 번째' 항인지 나타낼 때 사용해. 수열 a_1, a_2, a_3, …에서 첫 번째 항은 아래 첨자 1을 사용해서 a_1이라고 쓰고, k번째 항은 a_k라고 써.

테트라 네, 맞아요.

나 변수에 번호를 붙일 때도 아래 첨자를 사용하지. x, y, z라는 변수 대신 x_1, x_2, x_3을 사용하기도 하고.

테트라 문자가 위에 위치하는가, 아래에 위치하는가에 따라 의미가 완전히 달라지네요. 늘어놓는 방식이 이상하게 느껴져요.

나 이상하다라…. 익숙해지면 그렇지도 않을 거야.

테트라 문자가 잔뜩 등장하는 데다가, 위로 갔다 아래로 갔다 하면 머릿속에서 문자들이 서로 뒤엉켜서, 으아아앗, 혼란에 빠지게 돼요.

테트라는 양손으로 머리를 감쌌다.

나 …있지, 테트라는 영어 잘하잖아.

테트라 네. 잘한다고 하기는 좀 그렇지만, 아주 좋아해요!

나 문장에서 어느 위치에 오느냐에 따라 의미가 달라지는 단어가 있지 않아? 예를 들어서 'that'처럼 말이야. 문장이 길어지면 여기저기 'that'이 나오는데, 위치에 따라 의미가 달라지잖아. 하지만 영어로 된 문장에 익숙해지면 하나하나 생각하지 않더라도 술술 읽히잖아.

테트라 맞아요. 익숙하게 될 때까지 시간이 좀 걸리지만요.

나 수식도 마찬가지야.

테트라 네?

나 익숙해질 때까지는 시간이 걸리지. 하지만 익숙해지면 하나하나 따지지 않더라도 이해할 수 있게 돼.

테트라 아!

나 수식에서 문자의 위치가 위였다가 아래였다가 하는 것에 익숙해지면, 수식을 읽고 이해할 때 힌트가 돼.

테트라 문자의 위치가 이해하는 데 힌트가 된다…. 마치 악보 같네요!

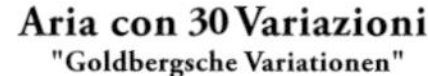

나 수식과 악보 모두 '세계 공통 언어'잖아.

테트라 언어라고요! 수식이 언어라고요!?

나 그래. 전혀 모르는 외국어로 쓰인 수학책에서도, 수식은 읽어낼 수 있어. 본문을 이해하지 못하더라도 수식만으로 대충 무슨 이야기를 하려는 것인지도 이해할 수 있지.

테트라 외국어로 쓰인 수학책이라니! 당연한 이야기겠지만 그런 것도 존재하는군요!

나 응, 맞아.

테트라 문자 하나가 지수처럼 위에 위치할 때도 있고, 아래 첨자처럼 아래에 위치할 때도 있고. 그 정도는 이해가 되지만, 굉장히 복잡한 식…. 예를 들어서 이런 식은 어떻게 읽어야 할까요?

$$\sum_{k=1}^{n} f_k(x)$$

'으아아아앗, 이렇게 어려운 수식은 나한테는 무리야!'라는 생각을 하게 돼요.

나 이건 그렇게 어려운 식이 아냐.

테트라 선배님, 한 번 보고 다 이해하시는 거예요?

나 아니, 그게 아니라, 이 수식이 어떤 정보를 전달하려고 하는지는 $f_k(x)$가 무엇이냐에 따라 다르겠지만, 이 수식을 읽는 것 자체는 그렇게 어렵지 않아. 영어로 따지자면 구문해석이랑 비슷해.

테트라 좀 더 자세히 설명해 주세요.

나 그러니까, 문장에 포함된 단어의 의미는 몰라도, 주어가 이거고, 목적어는 이거다, 하고 파악할 때가 있잖아. 그런 상황과 비슷해. 그럼 $\sum_{k=1}^{n} f_k(x)$가 무슨 이야기를 하려는지 살펴볼까.

테트라 네, 부탁드려요!

2-3 수식 읽기

나 $\sum_{k=1}^{n} f_k(x)$라는 수식에 나오는 $\sum$(시그마)는 수식에 익숙하지 않은 사람은 별로 안 좋아하지.

테트라 그 마음, 아주 잘 알아요! 이 문자는 '어렵지!' 하고 큰 소리로 말하고 있는 것 같아요. '뜨악!' 하고 충격을 받은 상태를 표현하는 이모티콘에도 나와요.

Σ(° Д°) 뜨악!

나 하하하. 지금 테트라는 $\sum$를 문자라고 불렀지만, $\sum$는 문자라고 하기보다는 합을 나타내는 기호로 쓰여.

테트라 합을 나타내는 기호…라고요?

나 그래, 합. 즉, 덧셈을 나타내는 기호야. 그러니까 $\sum$가 등장하더라도 무조건 겁먹을 필요는 없어. 결국 덧셈을 하라는 것뿐이니까.

테트라 덧셈을 하라는 것뿐이라고요?

나 $\sum$를 사용한 간단한 수식을 이용해서 설명해 볼게. $\sum_{k=1}^{3} k$라는 수식은 1 + 2 + 3을 나타낸 거야. 1과 2와 3의 합이지.

$$\sum_{k=1}^{3} k = 1 + 2 + 3$$

테트라 선배님, 선배님, 선배님! 그런데 이 수식은 좌변과 우변이 완전히 다른 느낌인데요!

나 응, 그래, 맞아. 좌변에 있는 $\sum_{k=1}^{3} k$는 어렵게 느껴지지만, 우변에 있는 1 + 2 + 3은 쉽게 느껴지지.

테트라 그럼 어떤 방식으로 읽으면 되는 건가요?

나 $\sum_{k=1}^{3} k$라는 수식 안에 3개의 '작은 수식'이 포함되어 있다는 점에 주목해 봐. $k=1$과 3과 k야.

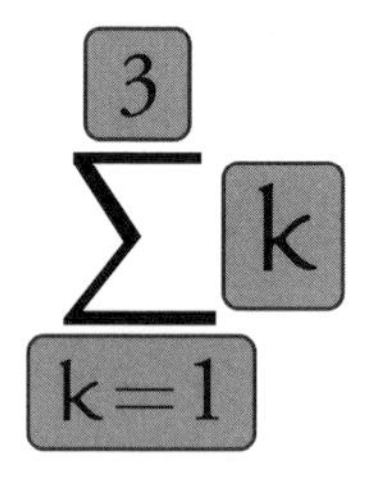

3개의 '작은 수식'

테트라 아아….

나 아까 테트라가 수식이 위랑 아래에 위치한다는 말을 했는데, 여기에서도 그렇지? $k=1$이 아래고 3은 위야.

테트라 아, 그러네요.

나 아래에 위치한 $k=1$과 위에 위치한 3으로 k라는 정수의 범위를 나타내고 있어. 즉, 시그마를 볼 때는 이런 순서로 이해하면 돼. 정리해 볼게.

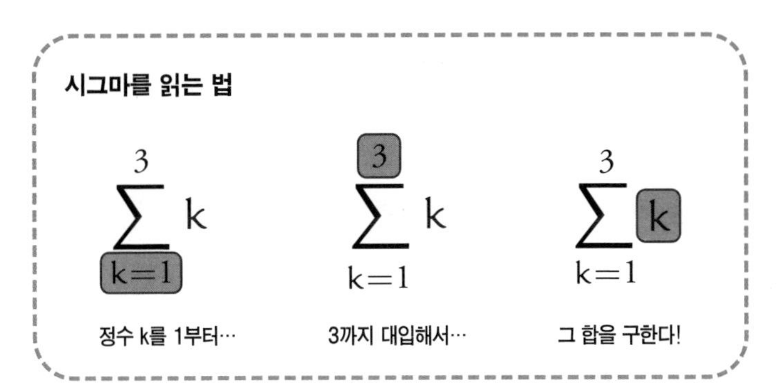

테트라 k가 1, 2, 3의 순서로 변화한 거네요.

나 응, 맞아. k의 값을 다르게 해서 '일반항'을 더하는 거야.

테트라 일반항이요?

나 응, $\sum$의 오른쪽에 있는 수식 말이야. $\sum_{k=1}^{3} k$에서는 k에 해당하겠지.

테트라 그렇군요.

나 지금까지의 이야기를 정리하면, $\sum_{k=1}^{3} k$라는 수식은 'k에 순차적으로 1, 2, 3이라는 값을 대입했을 때의 k의 총합'을 나타내고 있는 거야.

테트라 선배님! 이제 무슨 뜻인지 잘 알겠어요. 그러니까

$$\sum_{k=1}^{3} k = 1 + 2 + 3$$

이라는 거네요.

나 일반적인 경우, 시그마는 다음처럼 이해하면 돼.

시그마를 이해하는 방법

다음 식은 정수 k에 ①번부터 ②번까지 대입했을 경우의 ③의 합을 나타낸다.

$$\sum_{k=①}^{②} ③$$

이때,

①을 '하한',

②를 '상한',

③을 '일반항'

이라고 한다.

테트라 이제 이해가 됐어요!

나 다른 예를 만들어 볼까? 그럼….

테트라 아, 제가 해볼게요!

나 그래?

테트라 '적절한 예시는 내용을 이해하는 출발점'이니까요!

나 좋아!

'적절한 예시는 내용을 이해하는 출발점…'

내가 중요하게 생각하는 슬로건이다. 정말로 이해한 것인지 아닌지를 알아보려면, 예를 만들어 보면 된다.

- 적절한 예를 만들 수 있다면,
  이해를 잘하고 있는 것이다.
- 적절한 예를 만들지 못한다면,
  이해를 하지 못하고 있는 것이다.

아주 단순하게 판단을 내릴 수 있는 방법이다.

테트라 $\sum$를 사용한 수식의 예를 만들어 보겠습니다! 우선 아까 선배님께서 써 주신 것과 동일한 식을 적을게요.

$$\sum_{k=1}^{3} k = 1 + 2 + 3$$

나 응. '일반항'은 k구나.

테트라 그럼 예를 들어, 이렇게 해도 시그마에 대한 예시가 되는 건가요?

$$\sum_{k=1}^{3} k^2 = 1^2 + 2^2 + 3^2$$

나 잘했네. '일반항'으로 k^2을 사용한 거네.

테트라 네, 맞아요.

나 '일반항'에 a_k를 사용한 예를 만들어 볼래?

테트라 네, k를 1, 2, 3으로 변하게 하면 되는 거죠? 이렇게 하면 될 것 같아요.

$$\sum_{k=1}^{3} a_k = a_1 + a_2 + a_3$$

나 맞아!

테트라 제가 제대로 이해한 게 맞나 봐요! 그럼 이런 예는 어떨까요?

$$\sum_{k=1}^{5} 2^k = 2^1 + 2^2 + 2^3 + 2^4 + 2^5$$

나 좋아. 정수 k를 1에서 5까지로 하고, '일반항'을 2^k로 한 거네. '상한'도 5로 바꾼 거고.

테트라 네!

나 꼭 문자를 k로 할 필요는 없어. 예를 들어, m으로 해볼 수도 있지.

$$\sum_{m=1}^{5} 2^m = 2^1 + 2^2 + 2^3 + 2^4 + 2^5$$

테트라 그렇군요.

나 그럼 미르카 흉내를 좀 내 볼까. 퀴즈 하나 낼게.

••• 퀴즈

다음 식을 계산하시오.

$$\sum_{k=1}^{3} 5$$

테트라 쉽네요옷! …어, 어어어?

나 어려우려나.

테트라 이건 '일반항'이 5라는 거잖아요.

나 그래, 맞아.

테트라 그렇다면…. 이 식을 계산하면, 5인가요. …아니다, 아니네요. 15인가요?

나 그래, 맞아, 그렇게 하면 돼. 그럼 제대로 답을 적어 볼까.

퀴즈의 답

$$\sum_{k=1}^{3} 5 = 5 + 5 + 5$$
$$= 15$$

테트라 '일반항'에 k를 일일이 써넣지 않아도 되는 군요!

나 그래. 이렇게 정리하면 더 확실히 이해될 거야.

$$\sum_{k=1}^{3} 《\text{일반항}》 = \underbrace{《\text{일반항}》}_{k\,=\,1\text{일 때}} + \underbrace{《\text{일반항}》}_{k\,=\,2\text{일 때}} + \underbrace{《\text{일반항}》}_{k\,=\,3\text{일 때}}$$

테트라 아…

나 이 퀴즈에서는 '일반항'이 5니까, $\sum_{k=1}^{3} 5 = 5 + 5 + 5 = 15$

가 된 거야. 일반적으로는 A가 k와 관계없는 수식이면 $\sum_{k=1}^{n} A = nA$ 가 성립해. 테트라, 이해했니?

$\sum$가 포함된 식에서는 아래와 같이 계산한다.

$$\sum_{k=1}^{n} A = \underbrace{A + A + A + \cdots + A}_{n\text{개}} = nA$$

단, n은 1 이상인 정수, A는 k와 관계없는 식이다.

테트라 네, 이해했어요. 아까 나온 3을 n으로, 5를 A로 나타낸 거죠!

나 그래!

테트라 선배님은 자주 '일반적'이라는 표현을 쓰시네요.

나 아무래도 그렇지. '적절한 예시는 내용을 이해하는 출발점'이라는 말처럼 구체적인 예를 만든 뒤, '일반화가 가능하지 않을까?' 하고 곧잘 생각하곤 해. 이해의 깊이를 더할 수 있으니까.

테트라 하지만 '일반화한다'는 말을 들으면, 저도 모르게 조금 긴장하게 돼요. 사용한 문자가 많아져서 어려워질 것 같은 예감이 들거든요.

나 그래. 아무래도 일반화를 하게 되면 사용하는 문자의 종류가 늘어나는 경우가 많아. 지금도 3개의 합이 n개의 합이 되어서 n이라는 문자가 하나 추가됐지.

테트라 시그마 위에 있는 숫자…, '상한'이 n이니까 n개의 합이라는 거네요.

나 과연?

테트라 네?

나 테트라, 이 문제 풀 수 있겠어?

••• **퀴즈**

다음 식을 계산하시오.

$$\sum_{k=0}^{n} 100$$

테트라 그럼요, 100n 아니에요?

나 땡, 틀렸어.

테트라 어…. 100을 n개만큼 더하라는 얘기 아니에요?

나 한 번 더 문제를 주의 깊게 살펴 봐.

$$\sum_{k=0}^{n} 100$$

테트라 앗차! 시그마 아래가 k = 0이네요….

나 그래. 이 식에서는 '하한'이 1이 아니라 0이지.

테트라 그럼 100을 1개 더 더해야 하겠네요! 100n이 아니라 100n + 100이 답이에요!

나 응, 정답. 100을 n + 1개 더하는 거니까 100(n + 1)이라고 해도 좋겠지.

퀴즈의 답

$$\begin{aligned}\sum_{k=0}^{n} 100 &= \underbrace{100}_{k=0} + \underbrace{100}_{k=1} + \underbrace{100}_{k=2} + \cdots + \underbrace{100}_{k=n} \\ &= \underbrace{100 + 100 + 100 + \cdots + 100}_{n+1\text{개}} \\ &= 100(n+1)\end{aligned}$$

테트라 제가 빼먹는 게 많아요….

나 ∑는 합을 나타내는 기호지. 덧셈을 하면 되는 거니까, 간단하다고 생각하면 간단한데, 합을 구하려는 범위가 어떤

지 확인하지 않으면 안 되지.

테트라 네…. 깜빡해서 죄송해요.

나 괜찮아. 사과할 필요까진 없어.

2-4 합 구하기

나 그럼 이제 시그마가 나와도 무섭지 않겠네?

테트라 네?

나 예를 들어서 이 식을 '영어 문장을 독해하듯 해석'할 수 있지 않을까?

$$\sum_{k=1}^{n} f(k)$$

테트라 아, 할 수 있어요! 이거죠?

$$\sum_{k=1}^{n} f(k) = f(1) + f(2) + f(3) + \cdots + f(n)$$

나 그래! $f(k)$가 무슨 뜻인지는 일단 접어 두고, $\sum_{k=1}^{n} f(k)$는 정

수 k에 1부터 n까지 대입했을 때의 $f(k)$의 합을 나타내는 식이라는 걸 알 수 있지.

테트라 네!

나 즉, $f(1)+f(2)+f(3)+\cdots+f(n)$과 같은 거지. 시그마가 덧셈을 나타낸다는 사실을 제대로 기억하고 있으면 두려워할 필요가 없어.

테트라 잘 알겠어요! 간단한 예를 몇 개 써본 것뿐인데 두려움이 사라지다니 신기한 일이네요…. 시그마 님과도 사이좋게 지낼 수 있을 것 같은 예감이 들어요!

나 그래. 수식에 익숙해지려면 자기 손으로 직접 종이에 수식을 써보는 것이 정말 중요하다는 생각이 들어.

테트라 … 마치 악보를 보고 악기를 연주하는 것 같아요.

나 그래, 맞아.

2-5 소박한 의문

테트라 저기요, 선배님…. 갑자기 든 생각인데요, 왜 시그마가 있는 거죠?

나 무슨 말이야?

테트라 덧셈에는 +(플러스, 더하기)라는 기호가 이미 있잖아요.

나 그렇지.

테트라 그런데 굳이 시그마를 사용하는 이유는 뭐죠? 만약 $a_1 + a_2 + a_3$처럼 합을 나타내고 싶으면 그렇게 쓰면 될 텐데요. 일부러 시그마를 사용해서 이렇게 $\sum_{k=1}^{3} a_k$라고 쓰는 건 왜일까요?

나 ….

꽤나 깊이가 있는 질문이라고 나는 속으로 생각했다.

어떻게 설명해야 테트라가 쉽게 이해할 수 있을까?

그 전에 나는 시그마에 대해서 제대로 알고 있는 것일까?

테트라 선배님?

나 음, 글쎄….

테트라 잠시만요, 선배님. 시그마를 사용해서 합을 표현하는 이유에 대해 제가 생각해 본 게 있는데요, 그걸 먼저 들어보시지 않을래요? 언제나 질문만 잔뜩 하게 되어서 선배님께 너무 면목이 없어서요.

나 면목이 없다고 할 것까지야.

테트라 예를 들어서, 이런 설명은 어떨까요? 사실 시그마에는 놀라운 비밀이 숨겨져 있어서.

나 놀라운 비밀?

테트라 그러니까요, +는 일반적인 덧셈을 나타내지만 사실 ∑는 다른 종류의 덧셈을 나타내기 위한 거다!라는 식으로 말이에요.

나 그건 아냐. 예를 들어 이 식의 좌변과 우변은 완전히 같은 걸. 비밀 같은 건 숨어 있지 않아.

$$\sum_{k=1}^{3} a_k = a_1 + a_2 + a_3$$

테트라 그런가요…. 그렇겠죠.

나 시그마와 덧셈은 표현 방법이 다른 것뿐이야. 그게 네가 가진 의문에 대한 답일 것 같은데.

테트라 자세히 설명해 주세요.

나 예를 들어, $\sum_{k=1}^{3} a_k$는 '간결하게 정리된 형태'를 취하고 있지만, $a_1 + a_2 + a_3$은 '식의 전체적인 내용을 파악하기 쉬운 형태'를 취하고 있어. 그러니까 간결하게 정리해서 나타내고 싶을 때는 시그마를 사용하고, 식의 전체적인 내용을 알기 쉽게 나타내고 싶을 때는 덧셈을 사용하는 거지. 표현 방법이 다를 뿐인 게 아닐까?

테트라 네…. 하지만.

나 하지만 확 와 닿지 않는 거야?

테트라 네. 시그마는 '난 어려운 수식이야!'라고 말하고 있는 것 같아요. 그러니까 저는 덧셈을 사용해서 식을 정리하는 것이 이해하기 쉬운 것 같다는 생각이 들어서….

나 흠, 흠.

테트라 아, 미르카 선배님!

테트라는 도서실 입구를 향해 손을 흔들었다.

2-6 미르카

미르카 편리하니까.

테트라의 의문에 미르카가 간단히 답했다.

미르카는 고등학교 2학년으로 나와 같은 반이다.

검은 머리의 수다쟁이 재원으로, 수학적 재능이 무척이나 뛰

어나다.

테트라, 미르카, 그리고 나, 이렇게 세 사람은 수학 토크를 나누는 친한 사이다.

나 시그마를 사용하는 이유가… 편리해서라고?

테트라 편리해서….

나 그건 너무 단순 무식한 답변 같은걸.

미르카 시그마가 '왜 편리한가'가 다음 질문이지.

테트라 아, 안 그래도 지금 그 질문을 하려고 했어요.

테트라는 번쩍 들어 올렸던 손을 내렸다.

미르카는 반쯤 노래를 부르듯 이야기하기 시작했다.

미르카 수식은 언어. 언어는 생각의 도구. 언어는 표현의 도구. 도구를, 생각을, 표현을 갈고 닦아. 시그마와 덧셈, 둘 다 합을 표현해. 뜻은 같아도 표현이 다르지. 수식은 언어. 표현의 차이가 큰 역할을 할 때도 있지.

나 설명이 추상적인데.

미르카 흠.

설명을 들은 내가 작게 중얼거린 말을 미르카는 차갑게 무시했다.

테트라 미르카 선배님, 저는 바로 그게 궁금해요. 시그마를 사용하면 어떤 차이가 생기는 거죠? 시그마를 사용하는 것이 어떤 점에서 편리하다는 거죠?

미르카 예를 들면, 합을 조작할 때 편리하지.

테트라 합을….

나 …조작한다고?

2-7 합을 조작하기

미르카 시그마는 '합을 조작하기'에 편리한 도구야. 왜냐면 '합의 구조'를 아주 잘 드러내기 때문이지.

테트라 합을 조작하기…. 합의 구조…. 무슨 뜻이죠?

미르카 간단한 이야기부터 시작하자. a_1부터 a_n까지의 합을 S_n으로 정의하기도 하지.

$$S_n = a_1 + a_2 + a_3 + \cdots + a_n$$

나 맞아.

미르카 이렇게 정의하면, a_1에서 a_3까지의 합은 S_3이라고 나타낼 수 있겠지. a_1부터 a_{100}까지의 합은 S_{100}이고.

$$S_3 = a_1 + a_2 + a_3$$
$$S_{100} = a_1 + a_2 + a_3 + \cdots + a_{100}$$

테트라 아아, S_n의 n. 즉, 아래 첨자를 바꾸어서 나타내는 거네요.

미르카 시그마를 사용하는 이유는 S_n처럼 합을 정의하는 것과 동일한 거야.

$$\sum_{k=1}^{3} a_k = a_1 + a_2 + a_3$$
$$\sum_{k=1}^{100} a_k = a_1 + a_2 + a_3 + \cdots + a_{100}$$

테트라가 손을 슬쩍 들어 올리며 말했다.

테트라 저, 죄송한데요. S_n을 정의하면 S_3이나 S_{100}이라고 쓸 수 있다는 건 이해가 됐는데, 그거랑 시그마랑 무슨 관계가 있는지 잘 모르겠어요. 이해하는 속도가 느려서 죄송해요.

미르카 그럼 덧셈과 시그마를 직접 비교하면서 이야기하자.

테트라 네, 부탁드릴게요.

2-8 덧셈과 시그마 비교하기

미르카는 잠시 눈을 감았다 뜬 뒤, 말하는 속도를 늦추었다.

미르카 우리는 지금, 수열의 합에 관심이 있어. 어떤 수열의 a_1부터 a_n까지의 합(이것을 수열의 부분합이라고 한다)을 구하려 해. 수열의 부분합을 나타내는 방법은 두 가지야. 하나는 덧셈을 사용하여 나타내는 것.

테트라 네.

덧셈을 사용하여 부분합을 나타낸다.

$$a_1 + a_2 + a_3 + \cdots + a_n$$

미르카 그리고, 다른 방법은 시그마를 사용하여 나타내는 것.

시그마를 사용하여 부분합을 나타낸다.

$$\sum_{k=1}^{n} a_k$$

미르카 테트라가 생각하는 것처럼 덧셈을 사용하는 것이 더 이해하기 쉬울 때가 있는 것도 사실이야. 뭐든 시그마를 사용해서 나타내는 것이 좋다는 것이 아니야.

나 덧셈으로는 전체적인 내용을 알 수 있고, 시그마는 간결하게 내용을 정리할 수 있지.

미르카 그래.

테트라 미르카 선배님께서 말씀하신 '합을 조작하기'라는 것은 뭐죠?

미르카 그럼 여기서 퀴즈. 시그마에서는 이런 변형이 가능해. 다음 식은 무슨 의미일까?

●●● **퀴즈**

아래 식은 무슨 의미인가?

$$\sum_{k=1}^{n} 2a_k = 2\sum_{k=1}^{n} a_k$$

테트라 네…?

나 그렇구나. '합을 조작하기'라는 말의 뜻이 뭔지 이제 알겠다.

미르카 그래?

테트라 잠시만요, 선배님들! 좀 생각할 시간을 주세요!

테트라는 노트를 펴고 수식을 써내려갔다.

그리고 1분 정도 수식을 보고 생각하더니 고개를 들었다.

테트라 알겠어요! 2로 묶은 거네요!

나 그래!

테트라 n = 3으로 놓고 덧셈을 사용해서 나타내 보니 쉽게 알 수 있었어요. $2a_1 + 2a_2 + 2a_3$이니까 공통으로 들어 있는 2로 묶으면 $2(a_1 + a_2 + a_3)$으로도 나타낼 수 있죠.

시그마로 나타내기

$$\sum_{k=1}^{3} 2a_k = 2\sum_{k=1}^{3} a_k$$

덧셈으로 나타내기

$$2a_1 + 2a_2 + 2a_3 = 2(a_1 + a_2 + a_3)$$

퀴즈의 답

2로 묶었다.

$$\sum_{k=1}^{n} 2a_k = 2\sum_{k=1}^{n} a_k$$

나 이게 '합을 조작하기'라는 거지?

미르카 이건 'one of them'에 불과해.

테트라 '여러 개 중 하나'라는 건가요?

미르카 퀴즈 하나 더. 이건 무슨 뜻일까?

●●● **퀴즈**

아래 식은 무슨 의미인가?

$$\sum_{k=1}^{n}(a_k + b_k) = \sum_{k=1}^{n} a_k + \sum_{k=1}^{n} b_k$$

테트라 써서 생각해 볼게요! 잠시만욧!

테트라는 노트에 또 수식을 쓰고 가만히 들여다보았다.

테트라 알겠어요…. 이건 더하는 순서를 바꾼 거네요. 예를 들어 n = 3으로 한 경우, 정리하면 이렇게 돼요.

시그마로 나타내기

$$\sum_{k=1}^{3}(a_k + b_k) = \sum_{k=1}^{3} a_k + \sum_{k=1}^{3} b_k$$

덧셈으로 나타내기

$$\underbrace{(a_1 + b_1)}_{k=1} + \underbrace{(a_2 + b_2)}_{k=2} + \underbrace{(a_3 + b_3)}_{k=3} = \underbrace{(a_1 + a_2 + a_3)}_{1\text{ 번째 시그마}} + \underbrace{(b_1 + b_2 + b_3)}_{2\text{ 번째 시그마}}$$

미르카 이 식에서는 더하는 순서를 바꿨지.

퀴즈의 답

더하는 순서를 바꿨다.

$$\sum_{k=1}^{n}(a_k + b_k) = \sum_{k=1}^{n} a_k + \sum_{k=1}^{n} b_k$$

테트라 그렇군요!

나도 미르카가 하려는 이야기를 이해했다. 테트라는 n = 3으로 놓고 구체적인 식을 세워서, 그것을 노트에 정리하면서 이해하려고 했다.

테트라 아, 그런데…. 저는 지금 덧셈을 사용해서 이해한 거라서…. 왜 시그마를 사용하는 건지, 역시 모르고 있는 거나 다름없네요.

테트라가 정말 끈질기다는 생각을 했다. 자신이 '정말 이해한 것인지'에 관심이 아주 많은 것 같다.

미르카 그럼 시그마로밖에 나타낼 수 없는 '합을 조작하기'에 대해 생각해 보자.

2-9 항을 1개 제외하기

미르카 이제부터 이야기하려는 것은 '수열의 부분합에서 항을 1개 제외하기'라는 방법을 통해 '합을 조작'하는 거야.

테트라 항이라는 건, 수열에 포함된 숫자 하나하나를 뜻하는 거죠? a_1이나 a_2 같은 거 말이에요.

미르카 맞아. 시그마를 사용해서 수열의 부분합을 정리한 뒤, '항을 1개 제외하기'라는 조작을 하는 거야. 그러면 어떻게 되는지 관찰해 봐. 예를 들어 a_1을 제외해 보자. 그럼 이런 식이 성립하지.

수열의 부분합에서 a_1을 제외하기

$$\sum_{k=1}^{n} a_k = a_1 + \sum_{k=2}^{n} a_k$$

나 응, 그렇게 되겠네.

테트라 n = 3으로 해서 정리해 볼게요!

시그마로 나타내기

$$\sum_{k=1}^{3} a_k = a_1 + \sum_{k=2}^{3} a_k$$

덧셈으로 나타내기

$$a_1 + a_2 + a_3 = a_1 + (a_2 + a_3)$$

나 알기 쉽게 잘 정리했네.

테트라 이제 시그마에 좀 익숙해졌을까요? 이 정도는 당연한…, 내용인 거죠! a_1만 제외하고 k = 1을 k = 2로 바꾸면 되는 거죠. '하한'의 숫자가 커졌어요.

나 성립한다는 것은 그렇다 치고, 이 내용을 어디에 사용하는 거지, 미르카?

미르카 예를 들면, 이런 문제에 쓰지.

●●● **문제**

다음 합을 구하시오.

$$\sum_{k=0}^{n} 2^k$$

나 그렇겠다.

테트라 어떤 문제인 거죠…? 아, 잠깐만요, 설명하지 마세요! '적절한 예시는 내용을 이해하는 출발점'이잖아요. n = 3일 경우를 예로 들어 볼게요!

n = 3일 경우

$$\sum_{k=0}^{3} 2^k = 2^0 + 2^1 + 2^2 + 2^3$$

테트라 그렇구나, 2의 제곱수들을 더하는 문제….

미르카 $\sum_{k=0}^{n} 2^k$을 구할 때는 이런 방법을 자주 쓰지.

$$\sum_{k=0}^{n} 2^k = 2^0 + 2^1 + 2^2 + \cdots + 2^n \qquad \cdots ①$$

나 이건 덧셈을 사용해서 시그마를 나타낸 거네.

미르카 그리고 ①의 양변에 2를 곱해.

$$2\sum_{k=0}^{n} 2^k = 2^1 + 2^2 + 2^3 + \cdots + 2^{n+1} \qquad \cdots ②$$

테트라 …네.

미르카 이제 ②의 양변에서 ①의 양변을 각각 빼면 돼.

$$\begin{array}{rrl} & 2\sum_{k=0}^{n} 2^k = & \quad\;\; 2^1 + 2^2 + \cdots + 2^n + 2^{n+1} \quad \cdots ② \\ -) & \sum_{k=0}^{n} 2^k = & 2^0 + 2^1 + 2^2 + \cdots + 2^n \qquad\quad\;\; \cdots ① \\ \hline & \sum_{k=0}^{n} 2^k = & -2^0 \qquad\qquad\qquad\qquad + 2^{n+1} \quad \cdots ② - ① \end{array}$$

테트라 네에?

나 뺄셈을 했더니 $2^1 + 2^2 + \cdots + 2^n$이 소거되어서 사라졌어.

미르카 이제 합을 구한 거야.

$$\sum_{k=0}^{n} 2^k = -2^0 + 2^{n+1} \quad \text{위의 계산식에서}$$
$$= -1 + 2^{n+1} \quad 2^0 = 1\text{이므로}$$
$$= 2^{n+1} - 1 \quad \text{항의 순서를 바꾸었다.}$$

해답

$$\sum_{k=0}^{n} 2^k = 2^{n+1} - 1$$

나 $\sum_{k=0}^{n} 2^k = 2^{n+1} - 1$이라는 답이 나왔네.

미르카 이렇게 계산해도 문제없지만, 계산한 내용을 시그마를 사용해서 나타내 보자. 그럼 이렇게 정리가 될 거야.

$$\sum_{k=0}^{n} 2^k = 2\sum_{k=0}^{n} 2^k - \sum_{k=0}^{n} 2^k \quad \text{구하려는 합은 2를 곱한 값에서 자신을 뺀 것.}$$
$$= \sum_{k=0}^{n} 2 \cdot 2^k - \sum_{k=0}^{n} 2^k \quad \text{2를 시그마 안으로 집어넣는다.}$$
$$= \sum_{k=0}^{n} 2^{k+1} - \sum_{k=0}^{n} 2^k \quad 2 \cdot 2^k = 2^{k+1}\text{이므로(지수법칙)}$$
$$= \sum_{k=1}^{n+1} 2^k - \sum_{k=0}^{n} 2^k \quad \text{하한, 상한, 일반항을 다르게 했다.}$$

$$= \boxed{\sum_{k=1}^{n} 2^k + 2^{n+1}} - \sum_{k=0}^{n} 2^k$$ 마지막 항 하나를 시그마 밖으로 내보냈다.

$$= \sum_{k=1}^{n} 2^k + 2^{n+1} - \left(\boxed{2^0 + \sum_{k=1}^{n} 2^k} \right)$$ 첫 번째 항 하나를 시그마 밖으로 내보냈다.

$$= \sum_{k=1}^{n} 2^k + 2^{n+1} - 2^0 - \sum_{k=1}^{n} 2^k$$ 괄호를 벗겼다.

$$= \cancel{\sum_{k=1}^{n} 2^k} + 2^{n+1} - 2^0 - \cancel{\sum_{k=1}^{n} 2^k}$$ 같은 항을 소거했다.

$$= 2^{n+1} - 1$$ $2^0 = 1$이므로

미르카 그럼 이걸로 한 건 해결.

나 잠깐만. '하한, 상한, 일반항를 다르게 한다'는 부분에서 $\sum_{k=0}^{n} 2^{k+1}$이 $\sum_{k=1}^{n+1} 2^k$이 되는 거야?

미르카 생각해 보면 쉽게 알 수 있어.

나 …그렇구나, '상한'과 '하한'을 1씩 늘려서 '일반항'의 k를 하나 줄인 거구나!

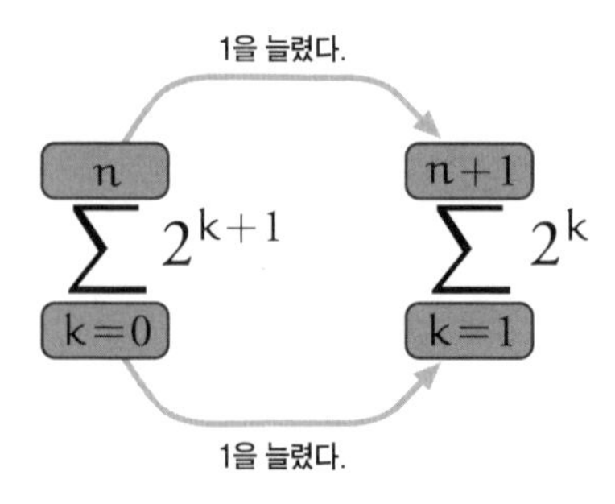

'상한'과 '하한을 1씩 늘렸다.

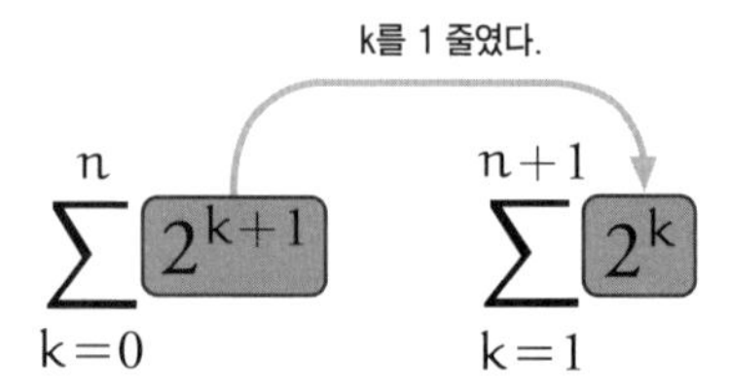

'일반항'의 k를 1 줄였다.

나 '상한'과 '하한'을 1씩 늘려서, '일반항'에 있는 k를 1 줄여도 결과는 같은 거지. 2^1부터 2^{n+1}까지 더한다는 것에는 변함이 없으니까.

테트라 아아….

나 어느 정도 이해가 됐어. '합을 조작'한다는 의미를 말이야.

테트라 어떻게 되어 가고 있는 거죠?

나 시그마 주위에는 '하한' '상한' '일반항'이 쓰여 있잖아. 1을 늘리거나 혹은 줄여서 자신이 원하는 형태가 되도록 '합을 조작'한 거야. 지금 미르카가 한 계산에서 사용한 '합을 조작'하는 방법을 정리해 볼게.

시그마를 사용하여 나타낸 다양한 '합을 조작'하는 방법 2

$$2\sum_{k=0}^{n} 2^k = \sum_{k=0}^{n} 2 \cdot 2^k$$

2를 $\sum$ 안으로 넣는다.
(묶어서 꺼내는 것의 반대)

$$\sum_{k=0}^{n} 2^{k+1} = \sum_{k=1}^{n+1} 2^k$$

상한, 하한, 일반항에
변화를 준다.

$$\sum_{k=1}^{n+1} 2^k = \sum_{k=1}^{n} 2^k + 2^{n+1}$$

마지막 항을 시그마 밖으로
내보냈다.

$$\sum_{k=0}^{n} 2^k = 2^0 + \sum_{k=1}^{n} 2^k$$

첫 번째 항을 시그마 밖으로
내보냈다.

미르카 시그마는 어떻게 '합을 조작'했는지 파악할 때 편리해. 합을 조작해서 시그마의 형태를 정리함으로써 계산에서 다음 단계로 나아갈 수 있는 거지.

테트라는 식의 전개를 노트에 다시 정리해서 기록한 뒤 고개를 들었다.

테트라 하나하나 대충 이해는 되는 것 같은데요, 전부 사용해서 식을 변형하는 건 아직 제게 무리인 듯해요….

나 이런 방식으로 식을 변형하는 것은 상당히 까다로운 것 같아.

미르카 익숙해질 때까지 연습하는 수밖에 없지. 식을 변형한다는 건 다 그렇잖아.

테트라 맞아요! 익숙해질 때까지는 시간이 걸리는 법이죠!

미르카 잘 모르겠으면 언제든지 덧셈을 사용해서 확인하면 돼. 잘 안 되는데 억지로 시그마를 사용할 필요는 없지만, 시그마를 사용하면 합의 조작은 꽤나 편하게 할 수 있지.

테트라 연습해 둘게요!

2-10 부분합과 계차수열의 관계

미르카는 자리에서 일어나 주위를 걸으면서 이야기를 시작했다.

미르카 '부분합을 계산하는 것'과 '계차수열을 계산하는 것'은 서로 역의 관계에 있지. 첫 번째 항이 아귀가 좀 안 맞지만.

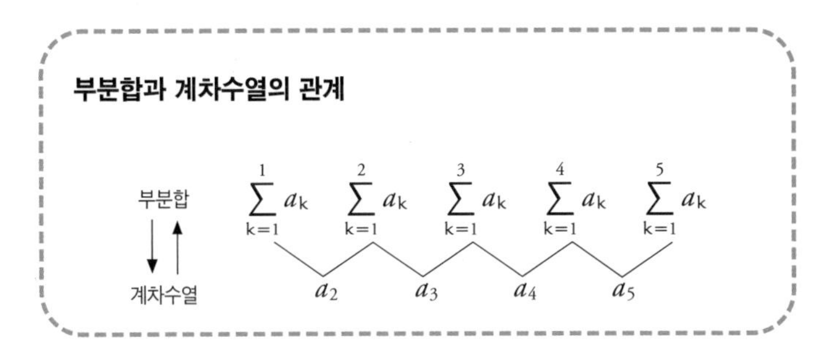

미르카 부분합을 구하기 위해서 시그마 안에서 밖으로 항을 하나 내보냈을 때, 전체의 일부를 흩뜨리는 거라고도 볼 수 있어. n번째 항까지의 부분합과, n + 1번째 항까지의 부분합을 비교하면서 부분합을 살펴보는 이유는 '전체'와 '부분'의 관계를 파악하려는 거야.

테트라 전체….

나 부분….

미르카 미지의 수열을 알아보기 위해 계차수열을 구하는 것도 '전체'와 '부분'의 관계를 보려는 거야. 이 둘의 관계는 수학을 할 때면 자주 등장하지. 점화식에도, 수학적 귀납법에 도, 미분 방정식에도….

테트라 으, 음악에도요.

미르카 음악?

테트라 음표를 시간의 흐름에 따라 듣게 되는 거잖아요. 수열의 항을 순서대로 하나씩 보게 되는 것처럼요. 하지만 음악은 그 시점까지 들은 음표에 대한 기억으로 파악하죠.

미르카 흠….

미즈타니 선생님 하교 시간입니다.

미즈타니 선생님은 우리가 다니는 고등학교의 사서 선생님이다.

정확한 시간에 하교 시간을 알려주신다.

그러면 우리들의 수학 토크도 여기서 일단락된다.

이제는 각자가 생각할 시간이다.

65쪽의 악보는 J. S. 바흐의 '골드베르크 변주곡'의 시작 부분이다(www.mutopiaproject.org에서 발췌).

"의미를 새로이 발견해 내자. 놀라움을 새로이 경험하기 위해."

제2장의 문제

●●● 문제 2-1 ($\sum$로 나타내기)

다음 식을 $\sum$를 사용하여 나타내시오.

① $1+2+3+\cdots+n$

② $2+4+6+\cdots+2n$

③ $2^0+2^1+2^2+\cdots+2^{n-1}$

④ $a_1+a_3+a_5+a_7+\cdots+a_{99}$

(해답은 272쪽에)

●●● 문제 2-2 ($\sum$의 계산)

다음 식의 값을 구하시오.

① $\sum_{k=10}^{11} 1$

② $\sum_{k=1}^{5} k$

③ $\sum_{k=101}^{105} (k-100)$

(해답은 275쪽에)

제3장

친애하는 피보나치

"절대로 틀리지 않는 예상은 예상이라 할 수 없다."

3-1 1024의 수수께끼

유리 오빠야, 저거 봐.

나 응?

나는 오늘 사촌 여동생 유리와 함께 서점에 왔다.

유리가 손가락으로 가리키는 곳에는 새로 발매된 게임 포스터가 붙어 있었다.

유리 '1024가지의 패턴!'이라고 선전하네.

나 응, 그렇구나.

유리 왜 1024 같이 이도저도 아닌 애매한 수로 정한 거지? 1000가지로 하는 게 더 있어 보이잖아.

나 아, 그런 뜻으로 말한 거였어? 1024 이외에도 애매해 보이는 숫자를 많이 보긴 하지. 64비트처럼.

유리 맞아, 그러고 보니 그러네.

나 모두 2의 거듭제곱이야.

유리 2의 거듭제곱?

나 응, 그래. '누승'이라고도 해.

유리 흠.

나 2의 거듭제곱은 '1에 2를 반복해서 곱해 만들어진 수'야. 예를 들면, 1024는 '1에 2를 열 번 곱해 만들어진 수'지.

$$1024 = 1 \times \underbrace{2 \times 2 \times 2 \times 2 \times 2 \times 2 \times 2 \times 2 \times 2 \times 2}_{10\text{개}}$$
$$= 2^{10}$$

유리 그렇구나.

나 1에 2를 계속 곱하면, 1, 2, 4, 8, 16, 32, 64, …로 점점 커지지.

유리 아, 정말 그러네. 64가 나왔어.

나 계속 곱해 나가면 128, 256, 512, 1024, … 순으로 점점 커져.

유리 이번엔 1024가 나왔어.

나 그러니까 2의 거듭제곱은 일반항이 2^n이라는 형태를 가진 수지. $n = 0, 1, 2, 3, 4, \cdots$ 이고.

2의 거듭제곱

n	0	1	2	3	4	5	6	7	8	9	10	$\cdots$
2^n	1	2	4	8	16	32	64	128	256	512	1024	$\cdots$

유리 2^0은 1이지?

나 맞아. 2^0은 1에 2를 0번 곱한 수니까.

$$2^0 = 1$$

유리 흠흠, 그렇군.

나 사실, 지수 법칙을 사용해서 정의하는 거지만.

유리 왜 '2의 거듭제곱'이 이렇게 자주 나오는 거지?

나 2의 거듭제곱은 컴퓨터랑 관계가 깊은 수야. 컴퓨터는 온(on)과 오프(off), 두 가지 경우를 조합해서 계산하거든. 그러니까 컴퓨터랑 관련이 있는 것에는 2의 거듭제곱이 자주 나오지.

유리 흐음, 그렇구나.

3-2 수열 연구

유리 요전번에 오빠가 오셀로 게임에서 나한테 완패한 날 말이야, 수열 이야기를 좀 했었잖아? 왜, 오셀로 판에 돌을 늘어놓으면서 설명한 계차수열 말이야.

나 그런 식으로 기억을 떠올리는 건, 나한테 너무 불리하다….

유리 '수열에 대해 곰곰이 생각할 때는, 우선 계차수열부터 알아보는 거란다, 귀여운 유리야'라고 설명했잖아.

나 쓸데없는 말은 일단 무시하고 이야기를 계속하자면, 계차수열은 정말 중요해. 수열에 대해 곰곰이 생각해 보고 싶을 땐, 이웃한 두 항의 차를 계산해서 얻은 수열, 즉 계차수열을 알아보는 것이 정석이지.

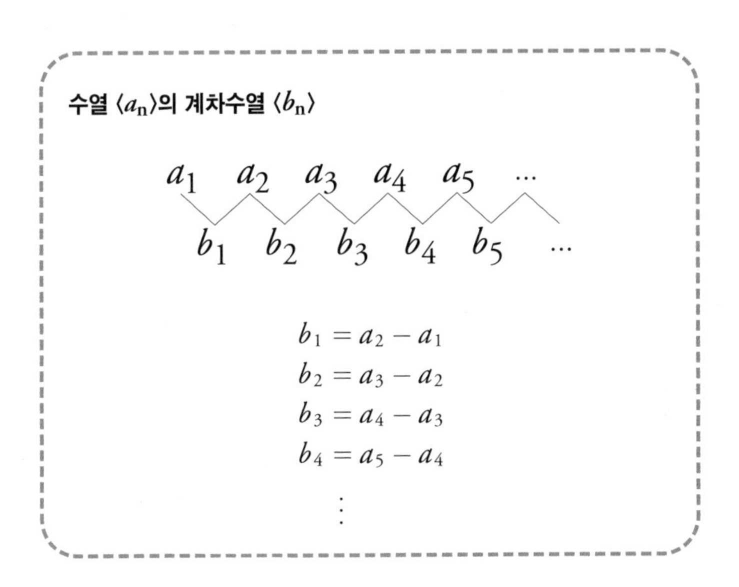

유리 1, 2, 4, 8, 16, 32, 64, … 같은 것도 수열인 거지?

나 그래.

유리 그럼 이것도 계차수열을 계산해서 살펴봐도 되는 거지?

나 그럼, 당연하지!

우리는 엘리베이터 옆 소파에 앉아 광고 전단지 뒷면에 수열을 적었다.

수학 토크는 장소에 구애받지 않는 법이다.

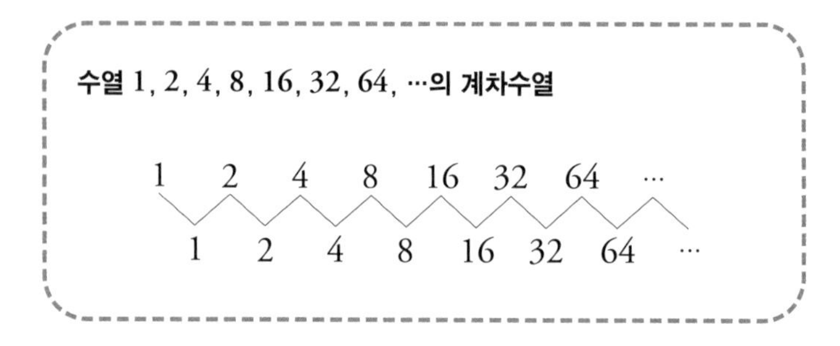

유리 오빠야, 이거 재미있다! 이것 봐. 1, 2, 4, 8, …의 계차수열을 계산했더니 그대로 1, 2, 4, 8, …이 나왔어!

나 정말이네. 굉장한 발견인걸.

유리 요전에는 이렇게 안 됐었잖아.

나 응, 그렇지. 지난번에는 등차수열에 대해 알아본 거였거든. 등차수열은 이웃한 2개의 항의 '차'가 같은 수열을 뜻해. 예를 들어 1, 3, 5, 7, 9, 11, 13, …과 같은 홀수 수열은 등차수열이야.

1, 3, 5, 7, 9, 11, 13, …은 등차수열 (차가 일정함)

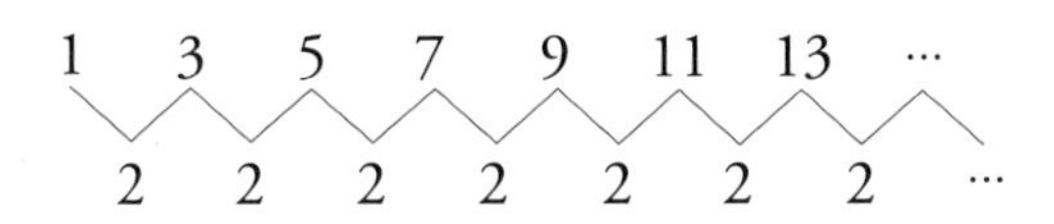

유리 그럼 1, 2, 4, 8, …은 등차수열이 아니라는 거야?

나 응. 이건 등비수열이야. 이웃한 2개 항의 '차'가 아니라 '비'가 일정한 수열이지.

1, 2, 4, 8, 16, 32, …은 등비수열 (비가 일정함)

1 2 4 8 16 32 64 …

×2 ×2 ×2 ×2 ×2 ×2 …

유리 등비수열….

나 등차수열은 제1항에 같은 수를 계속 더해서 만들어. 그렇게 더하는 수를 등차수열의 공차라고 부르지. 그에 비해 등비수열은 제1항에 같은 수를 계속 곱해서 만든 수열이야. 1, 2, 4, 8, 16, 32, …의 경우에는 제1항인 1에 2를 계속 곱한 경우지. 그러니까 등비수열이라고 부를 수 있어. 이 경우에 곱하는 수를 등비수열의 공비라고 해.

- 등차수열은 제1항부터 차례로 같은 수(공차)를 계속 더하면서 만든다.
- 등비수열은 제1항부터 차례로 같은 수(공비)를 계속 곱하면서 만든다.

유리 흠…. 그럼, 오빠야, 등비수열 1, 2, 4, 8, 16, 32, …는 계차수열을 구했을 때 자신과 똑같은 1, 2, 4, 8, 16, 32, …가 되잖아?

나 그렇지.

유리 그럼 등비수열은 항상 계차수열과 원래 수열이 같아지는 거야?

나 '유리가 한 예상'이 흥미로운걸.

'유리가 한 예상'

등비수열의 계차수열을 구하면, 원래 수열과 동일한 수열을 얻게 된다(?).

유리 '유리가 한 예상'이라니, 이상한 이름 제멋대로 붙이지 마….

나 너는 어떻게 생각해?

유리 응? 어, 그러니까….

나 예를 들어, 다른 등비수열을 떠올려보면 좋을 거야. 제1항이 2고, 공비가 3인 등비수열은 어때?

유리 공비가 3이라는 건, 매번 3을 곱하라는 거지?

나 그래, 맞아. 제1항이 2고, 계속 3을 곱하면 돼.

유리 그렇다는 건…. 어, 2랑, $2 \times 3 = 6$이랑, $6 \times 3 = 18$이랑…. 이렇게나와?

제1항이 2이고 공비가 3인 등비수열

$$\begin{array}{cccccc} 2 & 6 & 18 & 54 & 162 & \cdots \\ \times 3 & \times 3 & \times 3 & \times 3 & & \cdots \end{array}$$

나 응, 그래. 그럼 지금 구한 수열의 계차수열을 구하면 어떻게 되지?

유리 6 − 2 = 4이고, 18 − 6 = 12이고, 54 − 18 = 36이고…. 아, 원래 수열이랑 다르네!

제1항이 2이고 공비가 3인 등비수열의 계차수열

$$\begin{array}{cccccccccccc} 2 & & 6 & & 18 & & 54 & & 162 & & \cdots \\ & 4 & & 12 & & 36 & & 108 & & \cdots & \end{array}$$

나 그래.

유리 그렇구나. 그럼 등비수열의 계차수열이 원래 수열인 건 아니구나.

나 맞아. 등비수열의 계차수열이 원래 수열과 같아지는 경우도 있어. 하지만 항상 그런 건 아니야.

유리 흠, 흠.

나 있지, 유리야, 너는 '수학을 연구하는 순서'대로 생각하고 있는 거야.

유리 연구하는 순서…라니 무슨 말이야?

나 유리는 지금 2의 거듭제곱으로 이루어진 수열을 보고, 어떤 예상을 했지. 등비수열의 계차수열을 구하면 원래 수열과 같다는 '유리가 한 예상' 말이야.

유리 뭐, 결국 틀렸지만.

나 예상은 틀려도 돼. '이것이 성립할까?'라고 혼자서 예상하는 것은 아주 중요한 거야.

유리 흐음.

나 우선 예상한 내용을 정리해. 그리고 그 내용이 맞는지 확인하는 거야. 이건 수학자들이 '수학을 연구하는 순서'와 기본적으로 동일한 거야.

유리 왠지 엄청 대단해 보이는 이야기가 됐네냐옹….

나 수학자도 어떤 내용을 예상하고, 그것이 맞는지 확인하는 과정을 거쳐. 예상한 내용이 수학적으로 옳다는 것을 증명하지 않으면 안 되는 거야. 아니면 예상한 내용이 옳지 않음을 증명해도 괜찮아. 이런 건 반증이라고 부르기도 하지.

유리 증명과 반증…이라니, 난 어느 쪽도 한 적 없는데?

나 아냐, 아냐. 유리는 2, 6, 18, 54, …라는 또 다른 등비수열의 계차수열을 살펴봤잖아. 그리고 계산한 계차수열이 원래 수열과 다르다는 사실을 보였지. 즉, '예상한 내용이 옳지 않음을 보이는 구체적인 예를 제시'한 거야. 이것도 훌

륭하게 예상한 내용을 증명한 거야. 이 경우에는 예상한 내용에 대한 반증이지만….

유리 우와….

나 '이것이 항상 성립한다'는 수학적 주장을 부정하는 예를 반례라고 해. 그러니까 2, 6, 18, 54, …라는 등비수열은 '모든 등비수열의 계차수열을 계산하면 원래 수열과 동일하다'는 예상에 대한 반례인 거지.

유리 그걸로 증명한 거라고 할 수 있는 거야?

나 물론이지. '모든 등비수열은 어떠하다'라는 주장은 '아니, 잠깐, 이 경우에는 성립하지 않는걸!'이란 증거를 하나 들이밀면 뒤집을 수 있어. 그게 반례야.

유리 응, 응, 그렇구나.

3-3 일반화하여 생각하기

나 등비수열에 대해 좀 더 생각해 보자. 등비수열이란, a, ar, ar^2, ar^3, …, ar^{n-1}, ar^n, …처럼 일반화해서 쓸 수 있지.

유리 오빠야. 갑자기 a랑 r 같은 걸로 설명하려고 하지 말라고.

나 미안, 미안. 등비수열의 제1항이 a라는 수라고 하자. 실제로 a는 어떤 수지만, 일반화해서 생각하려면 a라는 문자로 나타내야 해. 그리고 공비를 r이라고 하자. 그럼 등비수열은 a에 r을 곱해서 만든 거라고 할 수 있지. 이게 '일반화하여 나타낸 등비수열'이야.

일반화하여 나타낸 등비수열

제1항이 a이고, 공비가 r인 등비수열은 다음과 같이 나타낼 수 있다.

$$a,\quad ar,\quad ar^2,\quad ar^3,\quad ar^4,\quad ar^5, \cdots$$

유리 응, 이제 잘 알겠어.

나 a를 ar^0으로, ar을 ar^1으로 쓰면 더 쉽게 알겠지만, 등비수열의 일반항은 항상 ar^{n-1}의 형태가 돼.

등비수열의 일반항

제1항이 a이고, 공비가 r인 등비수열의 일반항(제n항)은 다음과 같이 나타낼 수 있다.

$$ar^{n-1}$$

유리 일반항?

나 그래. 제n항을 수열의 일반항이라고도 불러. 등비수열은 제1항 a와 공비 r만 알면 'n번째 항이 뭐지?'라는 질문에 금방 ar^{n-1}이라고 대답할 수 있어.

3-4 '유리가 한 예상'이 성립할 때

유리 그런데 왜 '일반화해서 표현'해야만 하는 거야?

나 그건 말이지, 전부 간단히 정리해서 다루고 싶기 때문이지.

유리 간단히 정리한다고?

나 응, 한번 생각해 봐. 등비수열이라고 간단히 말하지만, 제1항과 공비의 조합을 다르게 하면 무수한 등비수열을 만들 수 있잖아. 하지만 문자를 사용해 일반화해서 나타내면, 무수히 많은 등비수열을 간단히 정리해서 나타낼 수 있지. 예를 들어, $a=1$, $r=2$면, 1, 2, 4, 8, …이 되고, $a=2$, $r=3$이면, 2, 6, 18, 54, …가 되지.

유리 그렇구나.

나 그런데 아까 '유리가 한 예상'이 성립하는 건 어떤 경우일까…?라는 생각이 지금 갑자기 떠올랐어.

유리 무슨 소리야?

나 어떤 등비수열이든 계차수열을 구하면 원래 수열과 같다는 '유리가 한 예상'은 안타깝게도 틀린 내용이었지. 반례를 찾아냈기 때문이야. 하지만 1, 2, 4, 8, …이라는 등비수열의 계차수열은 원래 수열과 같았어. 그러니까 문제로 내볼 수 있을 것 같다는 생각이 든 거야.

●●● **문제 1(등비수열의 계차수열)**

어떤 경우에 등비수열의 계차수열이 원래 수열과 같아지는가?

유리 응, 뭐라고? 무슨 말인지 잘 모르겠어.

나 우린 이미 등비수열을 일반화해서 나타낼 수 있었잖아. a, ar, ar^2, ar^3, ar^4,…이라는 형태로 말이지. 이렇게 일반화해서 나타낸 등비수열에서 계차수열을 구했다고 생각해보자. 그럼 그 계차수열은 어떤 형태일까? 계차수열이 원래 등비수열과 같으려면, a와 r이 특별한 값인 경우일 때만 가능하지 않을까…. 그렇다면, 그 값은?

유리 그런 뜻이었구나! 나도 풀 수 있을까?

나 응, 할 수 있을 거야. '일반화해서 나타낸 등비수열의 계차수열'을 구하자. 우선 '일반화해서 나타낸 등비수열'을 적어 봐.

유리 음, 그러니까, 이렇게 생겼었나?

$$a, \quad ar, \quad ar^2, \quad ar^3, \quad ar^4, \cdots$$

나 그래, 맞아. 이제는 뺄셈을 한 결과를 나타낸 수열을 구하면 돼. 그게 계차수열이니까.

유리 아, 그렇게 하면 되는 거구나. 처음엔 $ar - a$지. 그리고 그 다음은 $ar^2 - ar$ 이고.

$$ar - a, \quad ar^2 - ar, \quad ar^3 - ar^2, \quad ar^4 - ar^3, \quad \cdots$$

나 처음에 나온 $ar - a$는 a로 묶을 수 있어. $ar - a = a(r - 1)$ 처럼 말이야.

유리 그 다음 항은 $ar^2 - ar = a(r^2 - r)$, 이렇게 정리되네.

나 ar로 묶는 편이 좋아. 그렇게 하면 $ar^2 - ar = ar(r - 1)$, 이렇게 되지.

유리 아, 그렇다면 다음 항은 $ar^3 - ar^2 = ar^2(r-1)$, 이렇게 되나?

나 순서대로 써보자…. 자, 이제 규칙성이 보여?

$$a(r-1),\quad ar(r-1),\quad ar^2(r-1),\quad ar^3(r-1),\quad \cdots$$

유리 a랑 r의 거듭제곱, 그리고 $r-1$을 곱하면 되는구나!

나 그래. 등비수열의 계차수열은 모두 이런 형태로 이루어져 있어. 매번 '등비수열의 계차수열'이라고 부르는 것은 번거로우니까 이름을 붙일까?

- 제1항이 a, 공비가 r인 등비수열을 $\langle a_{\mathrm{n}} \rangle$이라 한다.
- $\langle a_{\mathrm{n}} \rangle$의 계차수열을 $\langle b_{\mathrm{n}} \rangle$이라 한다.

유리 응.

나 이때, 계차수열 $\langle b_{\mathrm{n}} \rangle$은 다음과 같은 형태가 되지.

$$\begin{aligned} b_1 &= a(r-1) \\ b_2 &= ar(r-1) \\ b_3 &= ar^2(r-1) \\ b_4 &= ar^3(r-1) \\ &\vdots \end{aligned}$$

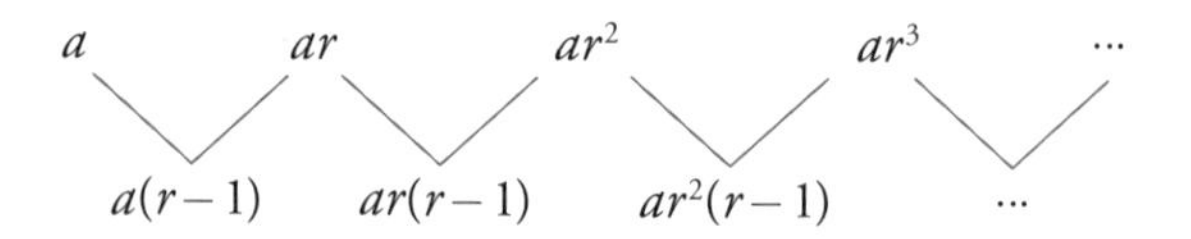

유리 흠, 흠.

나 이 '등비수열의 계차수열'의 일반항은 어떻게 될까? 그러니까 b_n을 a, r, n을 사용한 식으로 나타낼 수 있을까?

유리 이거지!

$$b_n = ar^{n-1}(r-1)$$

나 맞아, 유리야. 잘했어, 잘했어.

유리 에헴!

나 그런데 이 $b_n = ar^{n-1}(r-1)$이라는 식을 잘 보면 재미있는 사실을 알 수 있어.

유리 뭔데?

나 $ar^{n-1}(r-1)$을 $a(r-1)r^{n-1}$로 바꾸면….

$$b_n = a(r-1)r^{n-1}$$

유리 ?

나 이제 b_n의 일반항은 $\underline{a(r-1)}r^{n-1}$이라는 형태로 표현되

었어. 이것을 잘 보면, 등비수열의 일반항의 일반항과 같지 않아? 그러니까 수열 $\langle b_n \rangle$은 제1항이 $\underline{a(r-1)}$이고 공비가 r인 등비수열이야.

유리 그러네!

나 이렇게 식을 변형해서 새로운 사실을 알아낸 거지!

> '제1항이 a, 공비가 r인 등비수열의 계차수열'은
> '제1항이 $a(r-1)$, 공비가 r인 등비수열'이다.

유리 우와, 신기하다!

나 등비수열의 계차수열이 원래 수열과 같다는 보장은 없지만, 적어도 등비수열이 된다는 사실은 확실한 거네.

유리 정말?

나 정말이야. 구체적인 예를 들어서 확인해 볼까? 제1항이 $a = 2$고, 공비 $r = 3$인 등비수열을 떠올려보자. 즉 2, 6, 18, 54, 162, …이지. 이 수열의 계차수열은 4, 12, 36, 108, …이 돼. 잘 봐, 확실히 제1항 $a(r-1) = 4$, 공비 $r = 3$인 등비수열이 됐지?

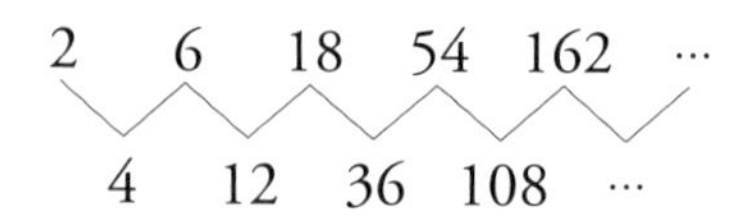

유리 $4 \times 3 = 12$, $12 \times 3 = 36$, …. 우와, 정말이네!

나 다시 '유리가 한 예상'을 떠올려 보자.

유리 으으응?

나 '등비수열의 계차수열의 제n항'은 $ar^{n-1}(r-1)$이라는 사실을 이제 알게 되었어. 그럼, '유리가 한 예상'이 성립하는 건 언제일까…. '등비수열의 계차수열의 제n항'과 '등비수열의 제n항'이 같을 때겠지!

'유리가 한 예상'이 성립하는 경우

'등비수열의 계차수열의 제n항' = '등비수열의 제n항'

$$ar^{n-1}(r-1) = ar^{n-1}$$

유리 아…. 그렇구나!

나 $ar^{n-1}(r-1) = ar^{n-1}$이라는 식을 잘 살펴보자.

유리 뚫어져라….

나 이 식을 만족시키기 위한 a와 r은…?이라는 질문에 대해 생각해 보자. $a \neq 0$이고 $r \neq 0$이라고 가정하면, 양변을 ar^{n-1}로 나눌 수 있어. 그럼 r의 조건이 구해질 거야.

$$
\begin{aligned}
ar^{n-1}(r-1) &= ar^{n-1} \\
r-1 &= 1 && \text{양변을 } ar^{n-1}\text{로 나눈다.} \\
r &= 2 && \text{양변에 1을 더했다.}
\end{aligned}
$$

유리 $r = 2$?

나 그래. 그러니까 $a \neq 0$이고 $r \neq 0$이라면, '유리가 한 예상'이 성립하는 경우는 $r = 2$일 때인 거지.

유리 $a = 0$이라면?

나 응, $a = 0$이라는 건 제1항이 0인 등비수열이라는 거니까, 0, 0, 0, …이라는 수열이 되잖아.

유리 아, 그렇구나. 그럼 계차수열을 구해도 0, 0, 0, …이구나.

나 그럼 $a \neq 0$이고 $r = 0$이면?

유리 음, 그럼, a, 0, 0, …이라는 수열이 되니까 계차수열을 구하면 $-a$, 0, 0, …이 되겠네!

나 응, 맞아. 그러니까 $a \neq 0$이고 $r = 0$이라면, 계차수열을 구해도 원래 수열과 같아지지 않아. 이제 우리는 모든 경우를 다 살펴본 거야. '유리가 한 예상'이 성립하는 등비수열은 제1항이 0인 수열이거나, 공비가 2인 수열이라는 사실이 밝혀진 거야.

유리 응, 맞아!

해답 1(등비수열의 계차수열)

등비수열의 계차수열이 원래 수열과 같아지는 경우는 제1항이 0이거나, 혹은 공비가 2인 경우이다.

(주의할 점: 제1항이 0이면 공비의 값에 상관없이 상수 수열 0, 0, 0, …이 된다.)

나 1, 2, 4, 8, …의 경우에는 제1항이 1이었지만, 공비가 2라면 제1항의 값은 어떤 값이어도 상관없는 거야. 예를 들어, 제1항이 3이고 공비가 2인 등비수열을 떠올려 보자. 3, 6, 12, 24, 48, 96, …이지.

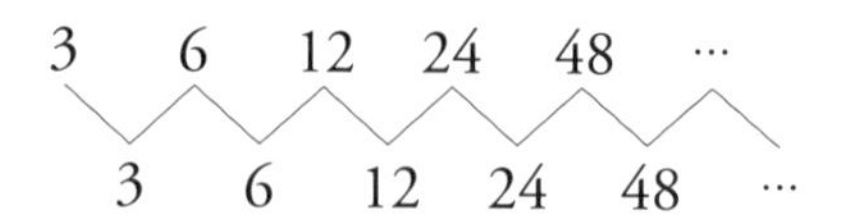

유리 아, 정말이다! 계차수열이랑 원래 등비수열이랑 똑같

네!

나 등비수열의 계차수열이 원래 수열과 같다면, 제1항이 0이거나, 공비가 2여야 해. 역으로 제1항이 0이거나 공비가 2인 등비수열이라면, 계차수열은 원래 수열과 같다는 거지. 반드시 그렇게 되는 거야. 유리야, 일반항을 가지고 생각해 본다는 것이 얼마나 굉장한 건지 이제 알겠지?

유리 그렇구나, 일반항으로 생각해서 알아낸 내용은 '반드시 그렇게 된다'고 확신할 수 있겠구나!

나 무수히 많은 것들을 모두 정리해서 다루는 수식은 굉장한 거야.

3-5 더 생각해 보자!

유리 그럼, 오빠야, 더 재미있는 문제는 없어?

나 그렇다면…. '피보나치 수열'이란 거 들어봤어?

유리 응, 오빠야, 전에 한번 가르쳐 준 적 있잖아.

나 피보나치 수열은 1, 1, 2, 3, 5, 8, …이지. 1, 1로 시작해서, 순서대로 앞의 2개의 항을 더해서 다음 항을 만드는 거지.

피보나치 수열

1, 1, 2, 3, 5, 8, 13, 21, 34, 55, …

유리 흠, 흠…

나 수열에 대해서 생각할 때는 우선….

유리 '계차수열을 구한다'는 거지! 내가 해볼래!

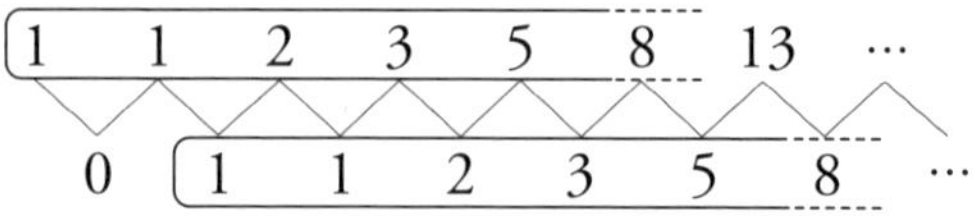

1 1 2 3 5 8 13 …

0 1 1 2 3 5 8 …

유리 에헷! 재밌다! 피보나치 수열에서 계차수열을 구했더니 한 항씩 밀린 원래 수열이 되네!

나 그렇지.

유리 엥? 근데 이건 당연한 건가냐옹?

나 당연하다니?

유리 그러니까 말이야, 피보나치 수열이란 건 앞의 두 항을 더해서 다음 항을 만든 거잖아? 그럼 차를 구한다면 한 항씩 밀린 원래 수열이 되는 건 당연하잖아.

나 뭐, 당연하다고 한다면 당연한 거지만. 간단한 식의 변형을 통해 잘 알 수 있어. 우선 피보나치 수열을 수식으로 나타내 보자.

유리 수식?

나 피보나치 수열의 일반항을 F_n이라고 하면, 우선 $F_1 = 1$, $F_2 = 1$이지.

유리 응. 피보나치 수열은 1, 1로 시작하니까?

나 그래. 그리고 $F_3 = 2$인데, 이건 $F_1 + F_2$를 계산한 값이지.

유리 두 항을 더하니까 그런 거지?

나 맞아. $F_3 = F_1 + F_2$이고 $F_4 = F_2 + F_3$이지.

피보나치 수열을 만드는 방법

$$
\begin{aligned}
F_1 &= 1 \\
F_2 &= 1 \\
F_3 &= F_1 + F_2 = 1 + 1 = 2 \\
F_4 &= F_2 + F_3 = 1 + 2 = 3 \\
F_5 &= F_3 + F_4 = 2 + 3 = 5 \\
&\vdots
\end{aligned}
$$

유리 맞아.

나 그러니까 피보나치 수열은 이런 점화식으로 나타낼 수 있어. 점화식은 수열의 항들 사이의 관계를 표현하는 식이야.

피보나치 수열의 점화식

$$\begin{cases} F_1 = 1 \\ F_2 = 1 \\ F_{n+2} = F_n + F_{n+1} \quad (n \geq 1) \end{cases}$$

유리 ….

나 $F_{n+2} = F_n + F_{n+1}$이라는 식에서 이런 식을 만들 수 있지.

$$F_{n+2} = F_n + F_{n+1} \quad \text{피보나치 수열의 점화식에서}$$

$$F_{n+2} - F_{n+1} = F_n \quad F_{n+1}\text{을 이항했다.}$$

유리 그래서?

나 좌변의 $F_{n+2} - F_{n+1}$이라는 식을 잘 보면, 피보나치 수열이 '이웃한 두 항의 차를 구한다'는 것을 알 수 있지. 즉, 계차수열을 구하는 거야.

유리 오오….

나 그리고 우변의 F_n이라는 식은 피보나치 수열의 일반항이지. 그러니까 $F_{n+2} - F_{n+1} = F_n$이라는 식은 '계차수열을 구하면 원래 수열이 된다'는 것을 말하는 거야.

유리 아냐.

나 어?

유리 '계차수열을 구하면 원래 수열이 된다'는 게 아니라, '계차수열을 구하면 한 항씩 밀린 원래 수열이 된다'는 거잖아?

나 아차, 그래. 유리 말이 맞아.

이런 실수는 잘도 잡아내는구나, 유리야….

유리 그것보다, 신경 쓰이는 게 있어.

나 뭔데?

유리 내가 말이야, 한 항씩 밀린 원래 수열이 된다고 했을 때, 오빠야가 금방 수식으로 이야기했잖아. 그건 왜?

나 왜냐는 질문을 들어도 어떻게 설명할 길은 없는데…. 수열에 대해 뭔가 명확한 것을 말하려고 할 때, 수식을 사용하는 경우가 많아서 그래. '피보나치 수열의 계차수열이 한 항씩 밀린 원래 수열'인지 확인하기 위해서 피보나치 수열의 정의를 나타낸 식을 이야기한 거야.

유리 ….

나 난 말이야, '구체적인 예를 떠올린 뒤, 수식을 이용하여 확인'하는 방식을 좋아해. 학교에서 공부할 때도 그렇고, 좋아하는 수학책을 읽을 때도 그래.

유리 구체적인 예를 떠올린 뒤, 수식을 이용하여 확인한다, 라….

나 수학에서 수식을 사용하는 건 '항상 하는 일'이야. 그러니까 유리가 피보나치 수열에 대해 발견한 것도 '수식으로 확인해 봐야지'하고 생각한 거야. 수학에서 수식을 사용하는 건 나사를 돌릴 때 드라이버를 사용하는 거랑 같은 거야. 그 정도로 자연스러운 거지.

유리 흐음…. 하지만 그 반대도 있잖아.

나 반대라니?

유리 '구체적인 예를 떠올린 뒤, 수식을 이용하여 확인'한다는 것의 반대. '수식으로 생각한 뒤, 구체적인 예를 이용하여 확인'하는 경우도 있어.

나 네 말이 맞아. 단 '수식을 이용하여 확인'한다는 것과 '구체적인 예를 이용하여 확인'한다는 건 다른 거지만 말이야.

유리 응?

나 '구체적인 예를 떠올린 뒤, 수식으로 확인'할 때는 구체적인 예를 들어 결과를 예상하고, 그것이 정말 모든 경우에, 직접 확인한 몇몇 예시 이외의 경우에도 성립하는지 수식으로 확인하는 거지.

유리 응, 응….

나 하지만 '수식으로 생각한 뒤, 구체적인 예를 이용하여 확인'할 때는 수식으로 일반화해서 생각한 결과를 검산하기 위해 구체적인 예를 사용하는 거야.

유리 그렇구나….

3-6 커졌다가, 줄어들었다가

나 그럼 유리야, 퀴즈 하나 낼게. 피보나치 수열과 많이 닮은 이 수열, 어떤 수열일까?

••• **퀴즈**

이건 어떤 수열일까?

1, 1, 2, 3, 5, 8, 3, 1, 4, 5, ⋯

유리 음, 음, 음⋯.

나 과연 유리는 이 수열의 수수께끼를 풀어낼 수 있을 것인가?

유리 처음은 피보나치 수열이랑 똑같이 생겼네.

나 1, 1, 2, 3, 5, 8까지는 그렇지.

유리 다음은 13이 아니라 3인데⋯. 아, 알겠다. 피보나치 수열의 각 항의 일의 자리네!

퀴즈의 답

이 수열은 피보나치 수열의 각 항의 일의 자리 수열이다.

n	1	2	3	4	5	6	7	8	9	10	⋯
F_n	1	1	2	3	5	8	13	21	34	55	⋯
F_n 의 일의 자리	1	1	2	3	5	8	3	1	4	5	⋯

나 이제 여기부터가 재미있는 부분이야.

유리 응?

나 '피보나치 수열의 각 항의 일의 자리'로 이루어진 수열을 계···속 써나갔다고 해 보자. 그럼 도중에 다시 한 번 1, 1, 2, 3이 나올까?

●●● **문제2 (다시 한 번 같은 것이 등장할까?)**

피보나치 수열의 각 항의 일의 자리로 이루어진 수열에서, '다시 한 번 1, 1, 2, 3이 나오는 경우'가 있을까.

$$1,\ 1,\ 2,\ 3,\ 5,\ 8,\ 3,\ 1,\ 4,\ 5,\ \cdots,\ \underbrace{1,\ 1,\ 2,\ 3}_{????},\cdots$$

유리 그거야 뭐···, 다시 나오지 않겠어?

나 반드시?

유리 계속 써보면 되잖아···. 귀찮겠지만.

나 다시 한 번 1, 1, 2, 3이 나온다면 답이 확실해지긴 하지.

유리 그런 애매한 말투는 뭐야!

나 계속 써 나갔을 때 1, 1, 2, 3이 나온다면 확실한 답을 낼 수 있지. 하지만 만약에 말이야, 잔뜩 써 내려 갔는데도 쉽사리 원하는 숫자가 안 나타날 수도 있잖아.

유리 뭐, 그럴 수도 있겠지.

나 쉽사리 원하는 숫자가 안 나타난다면, 어떤 게 맞는지 결정을 내릴 수가 없지 않겠어?

- 이대로 영원히 계속 쓰더라도 1, 1, 2, 3은 다시 나오지 않는다.
- 열심히 쓰면 언젠가는 1, 1, 2, 3은 다시 나온다.

유리 영원히 안 나올 수도 있다…. 그럴 수도 있겠구나.

나 자, 그럼 어떻게 하지?

유리 으음…. 잠깐 좀 써 볼게!

유리는 새 종이에 수열을 써 내려가기 시작했다.

1, 1, 2, 3, 5, 8, 3, 1, 4, 5, 9, 4, 3, 7,
0, 7, 7, 4, 1, 5, 6, 1, 7, 8, 5, 3, 8, 1,
9, 0, 9, 9, 8, 7, 5, 2, 7, 9, 6, 5, 1, 6,

유리 으아아! 1, 1, 2, 3이 안 나오잖아?!

나 '안 나오잖아?!'로 끝낼 생각이야?

유리 으으…, 아냐! 좀 더 써볼래!

1, 1, 2, 3, 5, 8, 3, 1, 4, 5, 9, 4, 3, 7,
0, 7, 7, 4, 1, 5, 6, 1, 7, 8, 5, 3, 8, 1,
9, 0, 9, 9, 8, 7, 5, 2, 7, 9, 6, 5, 1, 6,
7, 3, 0, 3, 3, 6, 9, 5, 4, 9, 3, 2, 5, 7,
2, 9, 1, 0, 1, 1, 2, 3,

나 1, 1, 2, 3이 나왔어! 피보나치 수열의 각 항의 일의 자리는 한 바퀴 돌고 나면 1, 1, 2, 3이 다시 나오는 거야! 어쨌든 1, 1까지만 다시 나오면 다음은 자동적으로 2, 3이 나오는 거네.

해답2 (다시 한 번 같은 것이 등장할까?)

피보나치 수열의 각 항의 일의 자리로 이루어진 수열에서, 1, 1, 2, 3은 다시 나온다.

1, 1, 2, 3, 5, 8, 3, 1, 4, 5, 9, 4, 3, 7,
0, 7, 7, 4, 1, 5, 6, 1, 7, 8, 5, 3, 8, 1,
9, 0, 9, 9, 8, 7, 5, 2, 7, 9, 6, 5, 1, 6,
7, 3, 0, 3, 3, 6, 9, 5, 4, 9, 3, 2, 5, 7,
2, 9, 1, 0, 1, 1, 2, 3, …

나 그런데, 유리야. 난 말이야, 네가 답을 알아내기 전에 답을 이미 알아냈었다.

유리 뭐야, 그런 잘난 척하는 말투는.

나 예를 들어, 피보나치 수열은 처음 시작이 1, 1이잖아.

유리 응.

나 사실 1, 1로 시작하지 않아도 돼. 0에서 9까지의 정수 중에서 2개를 골라서 처음 두 항으로 한 수열을 만들면, 지금처럼 '두 수를 더했을 때 나온 수의 일의 자리'로 만든 수열은 반드시 처음 시작한 2개의 수가 다시 나오게 되어 있어.

••• 문제3 (항상 다시 한 번 같은 것이 등장할까?)

0에서 9까지의 정수 중에서 2개를 골라서 처음 두 항으로 한 뒤, 문제2(135쪽)에서처럼, '두 수를 더해 만든 수의 일의 자리'로 이루어진 수열을 만든다.

이 수열에서는 결국 처음에 나왔던 두 항이 반드시 다시 나온다고 할 수 있을까?

유리 반드시 다시 나와?

나 응, 반드시 다시 나와.

유리 반드시?

나 반드시!

유리 오빠야, 전부 다 확인해 본 거야?

나 아니, 지금까지 하나도 확인해 본 적 없어. 유리가 지금 하는 걸 본 게 처음이야.

유리 그럼, 어떻게 그렇게 확신할 수 있어?

나 증명할 수 있으니까.

유리 또 증명 얘기야….

나 그게 수학의 힘이야. 실제로 다 시험하지 않더라도, 실제로 시험할 수 없는 경우더라도, 증명한 결과를 바탕으로 자신 있게 주장할 수 있어. 그게 수학의 힘이야.

유리 수학의 힘은 알겠고, 어떻게 그렇게 되는지 얼른 설명해 봐.

나 간단한 힌트만 줄게. 그럼 너도 금방 알 수 있을 거야.

유리 힌트?

나 (1, 1)이나 (1, 9)나 (3, 1)처럼, 한 자릿수인 2개의 수로 이루어진 순서쌍은 전부 몇 종류일까?

유리 그게 힌트야? 음…. 그건 100종류겠네. (0, 0)부터 (0, 1), (0, 2)… 그리고 (9, 9)까지잖아. 아!!!

나 알겠어?

유리 응, 알겠어. 많아봤자 100가지를 못 넘는구나!

나 그래, 맞아. 이 수열 1, 1, 2, 3, 5, 8, …을 2개의 수로 이루어진 순서쌍으로 만들어서, 그 순서쌍을 나열한 수열을 생각해 보자. (1, 1), (1, 2), (2, 3), (3, 5), (5, 8), …

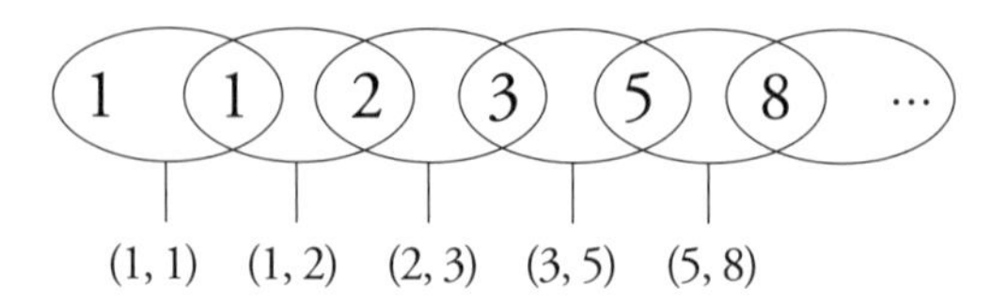

유리 순서쌍은 최대 100가지니까, 언젠가는 다시 한 번 나올 수 있다는 거지?

나 맞아. (x, y)라는 순서쌍에서 $x = 0, 1, \cdots 9$이고 $y = 0, 1, \cdots 9$라고 한다면, 순서쌍은 100가지보다 많지 않아. 그러니까 101개째의 순서쌍까지 만들어 보면, 그중에는 반드시 같은 순서쌍이 적어도 1개는 있는 거야. 어디선가 반드시 겹치는 순서쌍이 나올 거라는 얘기지.

유리 응, 응.

나 반드시 겹치는 순서쌍이 나온다는 건 비둘기집의 원리로 설명할 수 있어.

유리 비둘기집의 원리?

3-7 비둘기집의 원리

나 응. 아무리 많더라도 순서쌍은 100가지야. 만약 101개의 순서쌍을 만든다면, 그중에는 적어도 겹치는 순서쌍이 하나는 존재해. 이게 비둘기집의 원리야.

유리 그…. 비둘기집의 원리라는 게 정확히 뭐야?

나 비둘기집이 100개밖에 없는데 비둘기가 101마리 날아와서 집에 들어간다고 생각해 보자.

유리 다 못 들어갈 거야!

나 억지로 다 들어갔다고 해 보자. 100개의 비둘기집에 101마리의 비둘기가 모두 들어갔다고 한다면, 2마리 이상의 비둘기가 들어간 비둘기집이 반드시 존재하게 되지. 이게 비둘기집의 원리야.

유리 그건 당연한 거잖아!

나 그래. 당연하지. 그리고 이건 100종류의 순서쌍이 있을 때, 101개의 순서쌍을 만들면, 겹치는 순서쌍이 존재한다는 것과 똑같은 얘기야.

유리 아…, 그렇구나!

나 비둘기집의 원리를 일반화해서 말하면 이렇게 돼.

비둘기집의 원리

n개의 비둘기집에, n + 1마리의 비둘기가 모두 들어갔다고 하자.

이때, 2마리 이상의 비둘기가 들어간 비둘기집이 반드시 존재한다.

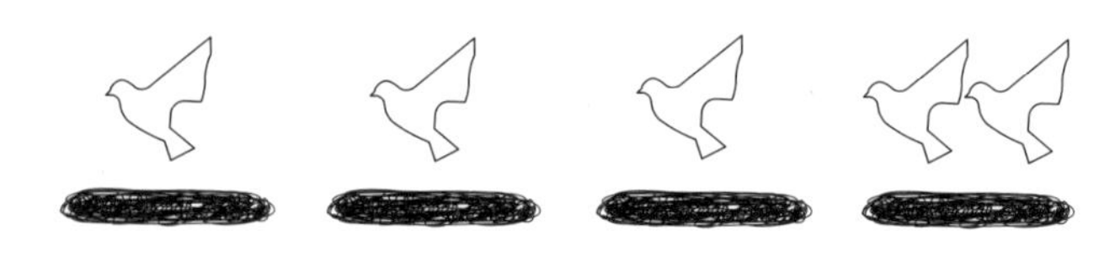

비둘기집의 원리(n = 4일 때)

유리 흠, 흠.

나 하지만 유리야, 이 설명만으로는 아직 부족해. 동일한 순서쌍이 어딘가에 나온다는 것까지는 알 수 있지. 하지만 처음으로 겹치는 것이 가장 처음에 나온 순서쌍이라는 건 아직 증명되지 않았어.

유리 어, 아, 그렇구나.

나 하지만 실제로는 가장 처음에 나온 순서쌍이 겹치게 되어 있어.

유리 왜?

나 처음으로 겹치게 된 순서쌍이 가장 처음에 나온 순서쌍이 아니라고 가정해 볼까? 그럼 처음으로 겹치게 된 순서쌍에 이런 식으로 합류하게 된다는 것을 알 수 있지. 여기에선 가장 처음에 나온 순서쌍을 (1, 1)로 하고 처음으로 겹치게 된 순서쌍을 (B, C)로 나타낸 거야.

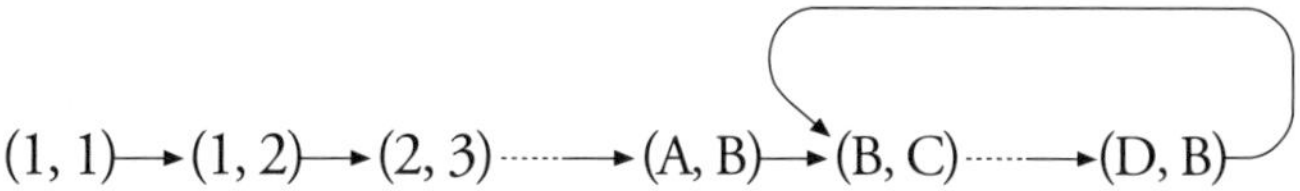

$$(1,1) \to (1,2) \to (2,3) \cdots\cdots \to (A,B) \to (B,C) \cdots\cdots \to (D,B)$$

(D, B)에서 나온 화살표가 다시 (B, C)로 들어간다.

유리 그럼 어떻게 돼?

나 여기서는 (A, B)와 (D, B)라는 각기 다른 순서쌍부터 (B, C)로 합류한 것처럼 보이지만 이런 상황이 일어나지는 않아.

유리 왜?

나 합류한 순서쌍 (B, C)의 바로 앞에 있는 순서쌍은 (A, B)와 (D, B)인데, 순서쌍을 만드는 법을 떠올려보면 A + B의 일의 자리와 D + B의 일의 자리가 둘 다 C로 같다는 거잖아. 즉, 'A + B의 일의 자리'와 'D + B의 일의 자리'는 같은 거지. A, B, C, D는 모두 0부터 9까지의 정수니까 조금만 생각해 보면 A = D임을 알 수 있지. 그럼 결국 (A, B)와 (D, B)는 같은 순서쌍이야. 겹치는 거지.

유리 오오?

나 그렇지만 그건 처음으로 겹친 순서쌍이 (B, C)라고 하는 것과 모순되지. (B, C) 바로 앞이 (A, B)인데, 이미 겹친 셈인 거니까.

유리 오오!

나 '처음으로 겹치는 순서쌍은 가장 처음에 나온 순서쌍이 아니다'라는 가정 하에서 모순이 발생했어. 그러니까 '처음으로 겹치는 순서쌍은 가장 처음에 나온 순서쌍이다'라고 할 수 있는 거지. 이걸 귀류법(배리법)이라고 해.

유리 귀류법….

나 순서쌍을 만들어 나갈 때 겹치는 것이 있다면, 처음으로 겹치는 것은 반드시 가장 처음에 나왔던 순서쌍이어야 한다는 것을 알게 됐지. 뭐, 가장 처음에 나오는 순서쌍의 경우는 '합류'가 아니니까.

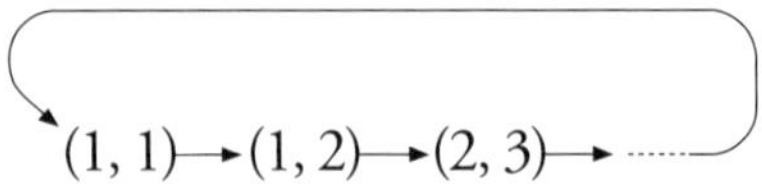

(1, 1) → (1, 2) → (2, 3) → ……

유리 오오…!

나 비둘기집의 원리를 통해 반드시 겹치는 순서쌍이 있다는 것을 알 수 있었고, 귀류법을 이용해서 처음으로 겹치는 것은 반드시 가장 먼저 나온 순서쌍임을 알 수 있었어. 이제 증명은 이걸로 끝이야. 0에서 9까지 중에서 2개의 정수로 시작된, '두 수를 더한 값의 일의 자리'로 이루어진 수열은, 반드시 처음에 나온 2개의 정수가 다시 나온다고 할 수 있어.

유리 그렇구냐옹….

해답3 (항상 다시 한 번 같은 것이 등장할까?)

0에서 9까지의 정수 중에서 2개를 골라서 처음 두 항으로 한 뒤, 문제2(135쪽)에서처럼, '두 수를 더했을 때 나온 수의 일의 자리'로 이루어진 수열을 만든다.

이 수열에서는 결국 처음에 나왔던 두 항이 반드시 다시 나온다.

나 응, 잘 정리했어.

유리 그런데 오빠야, 아까 'A + B의 일의 자리'와 'D + B의 일의 자리'가 같으므로, A = D'라고 했잖아. 그건 왜 그런 거야?

나 그건 말이야, A, B, C, D가 전부 0에서 9까지의 정수라는 사실을 잊지만 않으면 금방 알 수 있어. 생각해 봐.

참고문헌: 나카무라 시게루(中村滋)《피보나치수의 소우주(フィボナッチ数の小宇宙)》(일본평론사)

"눈앞에 놓인 사물에 대해서만 언급하는 예상은, 예상이라 할 수 없다."

제3장의 문제

●●● 문제 3-1 (등비수열의 일반항)

아래 수열은 모두 등비수열이다. 각각의 일반항을 n을 사용하여 나타내시오.

① $1,\ 0.1,\ 0.01,\ 0.001,\ 0.0001,\ \cdots$

② $\sqrt{2},\ 2,\ 2\sqrt{2},\ 4,\ 4\sqrt{2},\ \cdots$

③ $1,\ -\frac{1}{2},\ \frac{1}{4},\ -\frac{1}{8},\ \frac{1}{16},\ \cdots$

(해답은 278쪽에)

●●● 문제 3-2 (등차수열의 일반항)

제1항이 a이고 공차가 d인 등차수열의 제n항을 a, d, n을 사용하여 나타내시오.

(해답은 279쪽에)

••• 문제 3-3 (계차수열을 구했을 때 원래 수열과 같아지는 수열)

'나'와 유리는 어떤 수열의 계차수열이 원래 수열과 같아지는 등비수열에 대해 생각해 보았다. 등비수열 이외에, 계차수열이 원래 수열과 같아지는 경우가 있을까?

(해답은 281쪽에)

제4장

시그마를 쓰울까, 루트를 쓰울까

"어느 쪽으로 가야 할지 모를 때에는

가까이 가지 않는다."

4-1 도서실에서

평소와 다름없이 나는 수업이 끝난 뒤 도서실에서 수학 공부를 하고 있었다. 테트라가 휘청거리는 걸음걸이로 도서실 안으로 들어왔다. 손에 뭔가를 쥐고 있었다.

나 테트라, 그게 뭐야?

테트라 네···. 무라키 선생님께서 주신 '카드'인데요.

테트라가 그렇게 대답하며 '카드'를 책상 위에 올려놓았다. 카드에는 수식이 하나 쓰여 있었다.

무라키 선생님께서 주신 '카드'

$$\sqrt{\sum_{k=1}^{n} k}$$

나 아, '연구 과제'구나, 이건.

테트라 '연구 과제'가 뭔가요?

나 이걸 주시면서 선생님께서 뭐라고 하셨어?

테트라 이걸 가지고 자유롭게 생각해 보렴, 하고 말씀하셨어요. 그게 다였어요.

나 그럼, 이건 역시 '연구 과제'네. 무라키 선생님은 종종 이렇게 '카드'를 주시거든. 테트라에게 말씀하신 것처럼 자유롭게 생각해 보렴, 이라고 하시면서 말이지.

테트라 언제까지 답을 내라고는 말씀하지 않으셨는데요.

나 응. 꼭 리포트를 써서 내야 하는 과제는 아냐. 시험해 보려고 내신 것도 아니고, 성적하고도 상관없어. 뭐든 괜찮으니까 이걸 가지고 생각해 보라고 하신 거야.

테트라 하지만 전, 이게 무슨 문제인지도 모르겠는걸요!

테트라는 불안한 얼굴로 다시 한 번 '카드'를 들여다본다.

나 응, 무라키 선생님께서 주신 '연구 과제'는 스스로 문제를 내고 푸는 방식으로 하는 거야. 자유롭게 생각하면 되는 거니까 편한 마음으로 하면 돼, 테트라.

테트라 하지만…, 뭘 어떻게 생각하면 좋을까요?

나 그럼 같이 생각해 볼까? 카드에 적힌 $\sqrt{\sum_{k=1}^{n} k}$를 찾아보자.

테트라 네, 선배님! 잘 부탁드려요!

테트라는 고개를 깊이 숙이며 인사를 했다.

이렇게 오늘도, 우리들의 수학 토크가 시작되었다.

4-2 시그마 님을 모셔 볼까?

나 테트라는 여기에 적힌 $\sqrt{\sum_{k=1}^{n} k}$라는 수식을 보고 무슨 생각이 들었어?

테트라 네, 우선 처음 든 생각은 '어려워 보인다'는 거였어요. $\sum$(시그마)나 $\sqrt{\ }$(루트)가 나와서요….

나 하지만 $\sum$는 지난번에 연습했으니까 괜찮잖아.

테트라 네, 시그마 님을 모시는 것에 대해서는 잘 기억하고 있어요.

나 시그마 님을 모신다고?

테트라 아, 죄송해요. 저 혼자 그냥 쓰는 말이에요….

나 시그마 님을 모신다니, 시그마를 사용한다는 뜻이야?

테트라 네….

테트라는 얼굴이 빨개졌다.

나 그럼 함께 시그마 님을 모셔볼까?

테트라 네, 함께 모셔요!

나와 테트라는 서로의 얼굴을 보며 웃었다.

4-3 정석대로 가기

나 그럼 이 카드에 적힌 $\sqrt{\sum_{k=1}^{n} k}$ 라는 수식을 어떻게 해석하면 될까?

테트라 시그마가 있는 부분은 'k를 1부터 n까지 더한다'라는 건 알겠는데요.

나 정석대로 가야지.

테트라 무슨 말씀이시죠?

나 자신이 이해한 내용을 확인하고 싶을 땐, 어떻게 해야 하는지 이미 정해져 있잖아.

테트라 아, '적절한 예시는 내용을 이해하는 출발점'이죠!

나 맞아, 맞아. 그러니까 이 수식을 정말 이해하고 있는지 구체적인 수를 이용해서 확인하는 게 좋겠지.

'적절한 예시는 내용을 이해하는 출발점.' 우리가 몇 번이나 다시 되짚는 중요한 슬로건이다. 즐겁게 수학을 하려면, 제대로 이해한 건지 확인해야 한다. 그렇게 하려면 '예를 만들어 보기'가 최고의 방법이다.

테트라 네.

나 예를 들어, n = 1일 때, $\sqrt{\sum_{k=1}^{n} k}$는 어떻게 되지?

테트라 해 볼게요. 이렇게 되겠죠?

$$\sqrt{\sum_{k=1}^{n} k} = \sqrt{\sum_{k=1}^{1} k}$$

나 ….

테트라 어? 틀렸나요?

나 틀린 건 아닌데, 한 단계만 더 진행해 보자.

n = 1일 때

$$\sqrt{\sum_{k=1}^{n} k} = \sqrt{\sum_{k=1}^{1} k} = \sqrt{1}$$

테트라 아, 그러네요. 그리고 $\sqrt{1} = 1$이죠.

나 응, 그럼 다음엔 $n = 2$일 때.

테트라 네, 해 볼게요!

$n = 2$일 때

$$\sqrt{\sum_{k=1}^{n} k} = \sqrt{\sum_{k=1}^{2} k} = \sqrt{1+2} = \sqrt{3}$$

나 이런 식으로 구체적인 수를 이용해서 확인하면 좋지.

테트라 네. 시그마가 정리되어 사라지면 기분이 정말 가벼워져요.

나 좀 더 해볼까? 예를 들어 $n = 3$일 때.

$n = 3$일 때

$$\sqrt{\sum_{k=1}^{n} k} = \sqrt{\sum_{k=1}^{3} k} = \sqrt{1+2+3} = \sqrt{6}$$

테트라 네, 잘 알겠어요. 저, 그러면…. 이렇게 되는 거죠, n을

1, 2, 3, 4, …. 이렇게 늘려가면요.

수식 $\sqrt{\sum_{k=1}^{n} k}$에서 $n = 1, 2, 3, 4, \cdots$로 변할 때

$n = 1$	$\sqrt{1}$
$n = 2$	$\sqrt{1+2} = \sqrt{3}$
$n = 3$	$\sqrt{1+2+3} = \sqrt{6}$
$n = 4$	$\sqrt{1+2+3+4} = \sqrt{10}$

$$\vdots$$

나 혼자서 정리하는 게 도움이 되지?

테트라 시그마를 없애니까, 마음이 편안해지네요.

나 그 기분은 나도 잘 알겠지만, $\sum$는 많은 내용을 한꺼번에 담고 있으니까 편리해.

테트라 무슨 뜻이에요?

나 테트라는 지금 $n = 1, 2, 3, 4, \cdots$라는 식으로 값을 다르게 하면 어떻게 되는지, 식을 여러 개 적었잖아.

테트라 네.

나 $\sqrt{\sum_{k=1}^{n} k}$에서 $n = 4$면 $\sqrt{1+2+3+4}$이고, $n = 10$이면

$\sqrt{1+2+3+4+5+6+7+8+9+10}$이 되지. n의 값이 아무리 커져도 괜찮은 이유는 $\sqrt{\sum_{k=1}^{n} k}$라는 수식 하나로 무수한 식을 간단히 정리할 수 있기 때문이지.

테트라 그렇군요. 그렇긴 하네요.

나 그래서 $\sqrt{1+2+3+4}$ 같은 구체적인 식을 세운 후에, 한 번 더 $\sqrt{\sum_{k=1}^{n} k}$를 보면 처음과 인상이 달라지지 않니?

테트라 네, 맞아요. 저도 마침 그런 생각이 든 참이에요. 처음엔 '우와아…. 시그마 님 오셨구나'라고 생각했는데 n = 1, 2, 3, 4일 때의 구체적인 식을 써본 후에 $\sqrt{\sum_{k=1}^{n} k}$를 봤더니 '루트 안이 1 + 2 + 3 + 4 + … + n 같이 되어 있는 식'이라는 느낌이 들고, 어떤 이미지가 떠올랐어요.

$$\sqrt{\sum_{k=1}^{n} k} = \sqrt{1+2+3+4+\cdots+n}$$

나 응, 응, 그렇지. 나는 자주 학교 공부와는 상관없이 수학책을 읽곤 하는데, 지금 테트라가 한 것과 같은 걸 항상 하고 있어.

테트라 아, 그런 방법으로 공부하시는군요!

4-4 수학을 공부하는 방법

나 책을 읽으면 어려운 수식이 나오잖아.

테트라 네, 맞아요.

나 어려운 수식이 나오면, 작은 수를 사용해서 가능하면 구체적으로 생각하곤 해.

테트라 1, 2, 3 같은 숫자 말이에요?

나 그래, 맞아. 그리고 '아아, 이런 식이구나' 하고 이해한 후에 다음 단계로 넘어가는 거지.

테트라 ….

나 그런 식으로 읽어나가면 말이야, 어렵게 보이는 수식도 점점 익숙해지게 돼.

테트라 선배님!

나 우앗, 무슨 일이야?

테트라 아, 죄, 죄송해요. 지금 선배님이 하신 이야기, 굉장히 중요한 것 같아요! 선생님도 그런 이야기는 하지 않으시거든요. 선생님들은 '예습해라, 복습해라, 하루에 몇 시간은 책상에 앉아서 문제집을 풀어라' 하는 말씀만 하시거든요…. 지금 선배님께서 이야기하신 '어려운 수식이 나오면 작은 수를 넣어서 구체적으로 생각한다' 같은 말은 들어본 적이 없어요.

나 아니야. 수업 시간에도 그런 이야기는 나오는걸.

테트라 그런가요…? 맞다, 선배님께 질문하고 싶은 게 있어요! 원래 말이에요, '작은 수를 넣어서 구체적으로 생각한다'는 발상은 어디에서 나온 거예요?

나 그건…, 무척 근본적인 내용을 묻는 질문이네, 테트라.

테트라 죄송해요…. 또 이상한 질문을 드렸네요.

나 아니야, 아주 중요한 질문인걸. 음, 어떻게 대답하면 될까…. 작은 수를 넣어서 구체적으로 생각한다는 발상이 어디에서 나온 것인가…. 어디려나.

테트라 그러게요, 어디서 온 걸까요?

테트라는 큰 눈을 반짝이며, 몸을 앞으로 기울였다. 달콤한 향기가 강하게 풍겼다.

나 '정말 이해하고 싶은 마음'에서 온 것 같다.

테트라 정말 이해하고 싶은 마음?

나 책을 읽다가 어려운 수식이 나왔을 때, 이해가 되지 않으면 왠지 지는 것 같아서, 그 수식을 정말 제대로 이해하고 싶다는 생각이 들지 않아?

테트라 제대로 이해하고 싶다는 생각…. 네, 그래요.

나 이 수식은 어려워 보이니까 관두자, 이렇게 생각하면 재미없어. 더 많은 내용을 이해하고 싶다, 제대로 이해하고 싶다, 이런 마음가짐이 중요하다는 생각이 들어. 어떻게 생각하면 이해하게 될지 전혀 감이 오지 않을 정도로 어려운 수식이더라도, 조금이라도 좋으니 이해하고 싶다는 마음 말이야. 그러니까 '시험 삼아 $n = 1$이면 어떻게 될까'라는 생각을 하게 되는 거야.

테트라 ….

나 작은 수로 시험 삼아 해보는 거야. 그럼, 조금 이해가 돼. 하지만 완벽하지는 않아. 그럼 다른 수로도 해보는 거야. 금방 감이 올 수도 있겠지만, 역시 제대로 이해가 안 될 수도 있어. 작은 수로 시험 삼아 해 본다는 건 '이해하기' 위한 여러 방법 중 하나일 뿐이야. 그러니까 이해할 수 없으면, 다른 방법으로 또 시험해 보는 거지. 잘 이해하기 위해서는 어떤 방법이든 사용해도 좋아.

테트라 어떤 방법이든요?

나 그래, 테트라. 어쨌든 '이 수식을 잘 이해하고 싶다, 정말 제대로 이해하고 싶다'는 마음가짐을 갖는 거야. 그리고 내가 할 수 있는 건 있을까, 조금이라도 이 수식을 '이해'하는 데 도움이 되는 방법은 없을까, 생각해 보는 거야.

테트라 ….

나 그러니까 '정말 제대로 이해하고 싶다는 마음가짐'을 갖는 것이 중요한 것 같아.

테트라 그건…, '좋아하는 사람에 대한 강렬한 감정'이군요….

테트라는 그렇게 말하고는 고개를 가볍게 끄덕거렸다.

4-5 루트 씌우기

나 수식에 익숙해졌으면, 이제 좀 더 생각을 발전시켜 보자.

테트라 아, 네, 그래야죠.

나와 테트라는 다시 한 번 수식 $\sqrt{\sum_{k=1}^{n} k}$ 를 들여다보았다.

나 $n = 1, 2, 3, 4, \cdots$로 n의 값을 다르게 하면 어떻게 되지?

테트라 네. $\sqrt{1}, \sqrt{3}, \sqrt{6}, \sqrt{10}, \cdots$. 이렇게 돼요.

나 아, 아까 이야기한 '정말 제대로 이해하고 싶다는 마음가짐'을 시험할 만한 문제를 생각해냈어.

테트라 어떤 문제인가요?

나 지금 테트라는 $\sqrt{1}, \sqrt{3}, \sqrt{6}, \sqrt{10}, \cdots$ 이라는 식으로 숫자를 줄 세우듯 대답했는데, 이건 수열로도 볼 수 있잖아.

테트라 그러게요. 수열처럼 보이네요.

$$\sqrt{1},\quad \sqrt{3},\quad \sqrt{6},\quad \sqrt{10},\quad \cdots$$

나 이 수열은 어떤 수열인 것 같아? 이게 문제야. 미리 생각해 둔 답이 있는 건 아니야.

●●● 문제1

다음 수열은 어떤 수열인가?

$$\sqrt{1},\quad \sqrt{3},\quad \sqrt{6},\quad \sqrt{10},\quad \cdots$$

테트라 어떤 수열…. 저, 그러니까, 등차수열이라든지, 그런 식으로 대답하면 되는 건가요?

나 응, 물론이야, 그렇게 잘 알려진 이름이 붙은 수열이라면 이름으로 대답하면 되겠지. 이 수열이 등차수열이 될 것 같지는 않지만 말이야. 이 수열에 대해 무엇을 알아낼 수 있을까? 뭐든 괜찮아. 이 수열을 가능한 '이해하려고 애써 보라'는 거야.

테트라 아, 그런 뜻이었군요. 뭐든 괜찮다는 거죠?

나 응. 뭐든 괜찮아. 이름이 없다면 이야기를 계속 진행하기 어려우니까, 이름도 지어주는 게 좋겠지? 수열 $\langle a_n \rangle$처럼 말이야.

$$
\begin{aligned}
a_1 &= \sqrt{1} \\
a_2 &= \sqrt{1+2} = \sqrt{3} \\
a_3 &= \sqrt{1+2+3} = \sqrt{6} \\
a_4 &= \sqrt{1+2+3+4} = \sqrt{10} \\
&\vdots \\
a_n &= \sqrt{1+2+3+4+\cdots+n} \\
&\vdots
\end{aligned}
$$

테트라 아! 선배님, 선배님! 지금 '이름을 지어준다'고 하는 것도, '정말 제대로 이해하려는 마음가짐'에서 온 거겠네요! 수열에게 이름을 지어주고, 수열을 제대로 이해하려고 하는 거죠.

나 응, 맞아. 테트라는 내가 한 이야기를 잘 이해했구나.

테트라 아뇨, 아뇨, 그럴 리가요. 그냥 갑자기 그런 생각이 들었을 뿐이에요.

테트라는 손을 휘휘 저었다.

나 그럼 이제 수열 a_1, a_2, a_3, a_4, … 에 대해 곰곰이 생각해 볼까. 뭐든 좋으니까 이 수열 $\langle a_n \rangle$에 대해 알 수 있는 것을 찾아보자.

테트라 뭐든 괜찮다는 거죠?

나 응, 뭐든 괜찮아.

테트라 시시한 거라도 괜찮은 거죠? 예를 들어 $a_1 = 1$이다…, 같은 거요.

나 잘 했어. 맞는 말이야. 작은 수를 넣어서 시험한다는 건, 수열에서는 a_1, a_2, a_3의 값을 구체적으로 구한다는 이야기가 되지.

테트라 네. 그럼 그 외에 알 수 있는 것, 그러니까….

나 예를 들어, 이런 건 어떨까? n의 값이 커지면, a_n의 값도 커진다는 거.

테트라 네, 커지네요. $\sqrt{1}$ 보다는 $\sqrt{3}$ 이 크고, $\sqrt{3}$ 보다는 $\sqrt{6}$ 이

커요.

나 그래. 또 한 가지 알아냈네.

$$a_1 < a_2 < a_3 < \cdots$$

테트라 선배님? 그래프를 그려 봐도 괜찮을까요?

나 아, 그래, 좋은 생각이야! 수열 $\langle a_n \rangle$을 '잘 이해하기' 위해서 그래프를 그려 보는 거야.

테트라 네. 커진다고 했는데, 어떤 식으로 커지는지 눈으로 확인하고 싶어졌어요!

나와 테트라는 계산기를 두드리며 표를 작성했다.

$$
\begin{array}{rcccl}
a_1 & = & \sqrt{1} & = & 1 \\
a_2 & = & \sqrt{3} & = & 1.7320508\cdots \\
a_3 & = & \sqrt{6} & = & 2.4494897\cdots \\
a_4 & = & \sqrt{10} & = & 3.1622776\cdots \\
a_5 & = & \sqrt{15} & = & 3.8729833\cdots \\
a_6 & = & \sqrt{21} & = & 4.5825756\cdots \\
a_7 & = & \sqrt{28} & = & 5.2915026\cdots \\
a_8 & = & \sqrt{36} & = & 6 \\
a_9 & = & \sqrt{45} & = & 6.7082039\cdots \\
a_{10} & = & \sqrt{55} & = & 7.4161984\cdots \\
a_{11} & = & \sqrt{66} & = & 8.1240384\cdots \\
a_{12} & = & \sqrt{78} & = & 8.8317608\cdots \\
a_{13} & = & \sqrt{91} & = & 9.5393920\cdots \\
a_{14} & = & \sqrt{105} & = & 10.246950\cdots \\
a_{15} & = & \sqrt{120} & = & 10.954451\cdots \\
a_{16} & = & \sqrt{136} & = & 11.661903\cdots \\
a_{17} & = & \sqrt{153} & = & 12.369316\cdots \\
a_{18} & = & \sqrt{171} & = & 13.076696\cdots \\
a_{19} & = & \sqrt{190} & = & 13.784048\cdots \\
a_{20} & = & \sqrt{210} & = & 14.491376\cdots
\end{array}
$$

테트라 선배님, 값이 커진다고는 했지만…. 그렇게 엄청 커지지는 않네요.

나 그러네. 더욱 커질 줄 알았는데.

그래프를 그린 우리는 깜짝 놀랐다.

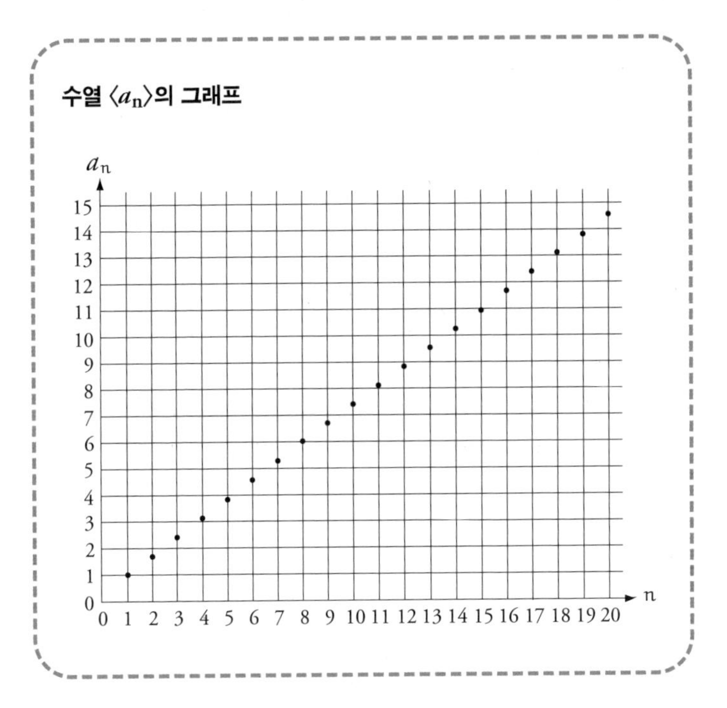

테트라 선배님!

나 테트라!

테트라 이거, 직선이에요?

나 어, 그렇다는 건 등차수열? 설마!

4-6 발견한 사실

테트라 완전 의외예요!

나 아냐, 등차수열은 아닐 거야.

테트라 무라키 선생님께서 주신 '카드'가 틀렸을 리는 없잖아요.

무라키 선생님께서 주신 '카드'

$$\sqrt{\sum_{k=1}^{n} k}$$

나 맞고 틀리고는 무라키 선생님과 상관없어. 우리가 지금 생각하고 있는 건 우리가 만든 문제잖아.

문제1

다음 수열은 어떤 수열인가?

$$\sqrt{1},\ \sqrt{3},\ \sqrt{6},\ \sqrt{10},\ \cdots$$

테트라 지금까지 나온 이야기를 한번 정리하는 게 좋을 것 같아욧!

테트라의 상황 정리

① 무라키 선생님께서 주신 '카드'에는 이런 수식이 적혀 있었다.

$$\sqrt{\sum_{k=1}^{n} k}$$

② 이 수식이 어떤 수열의 제n항일 때, 그 수열을 $\langle a_n \rangle$이라고 했다.

$$a_n = \sqrt{\sum_{k=1}^{n} k}$$

③ 수식을 수열의 항처럼 늘어놓으면 이렇게 된다.

$$\sqrt{\sum_{k=1}^{1} k},\ \sqrt{\sum_{k=1}^{2} k},\ \sqrt{\sum_{k=1}^{3} k},\ \sqrt{\sum_{k=1}^{4} k},\ \cdots$$

④ $\sum$를 사용하지 않고 쓰면 이렇게 된다.

$$\sqrt{1},\quad \sqrt{1+2},\quad \sqrt{1+2+3},\quad \sqrt{1+2+3+4},\quad \cdots$$

⑤ $\sqrt{\ }$ 안을 계산해서 정리하면 이렇게 된다.

$$\sqrt{1},\quad \sqrt{3},\quad \sqrt{6},\quad \sqrt{10},\quad \cdots$$

⑥ 전자계산기로 제곱근을 계산하면 이렇게 된다.

$$1,\quad 1.7320508\cdots,\quad 2.4494897\cdots,\quad 3.1622776\cdots,\quad \cdots$$

⑦ 그리고 이 숫자를 그래프에 나타내면…,

테트라 그리고 이 숫자를 그래프에 나타내면….

나 응, 정말 이렇게 되지.

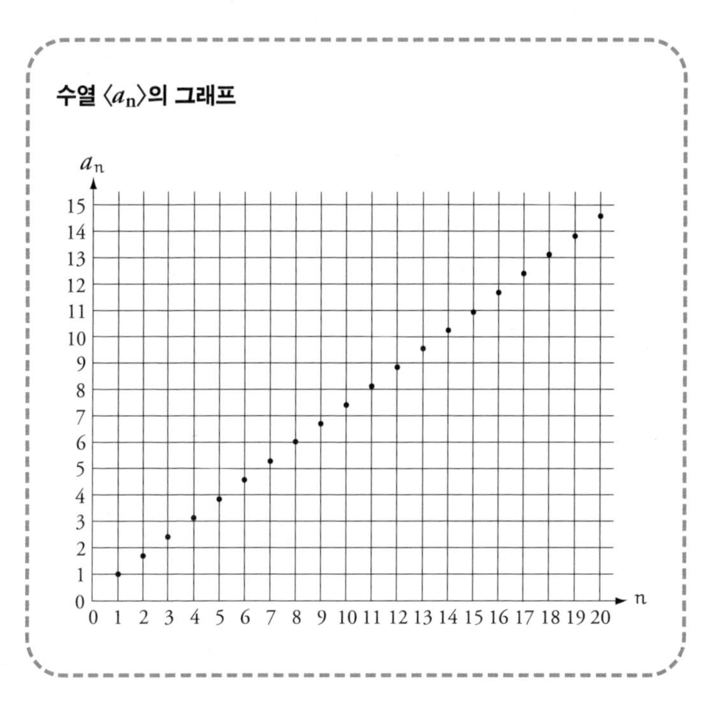

수열 $\langle a_n \rangle$의 그래프

테트라 이 점들은 직선 위에 있는 거죠?

나 그렇지는 않을 거야. 제대로 살펴보면 금방 알 수 있어.

테트라 제대로 살펴본다고요?

나 만약 이 점들이 직선 위에 있는 거라면, 두 항 사이의 차가 일정해야 해.

테트라 맞아요. 그럼 빼 보면 될까요?

나 응. 수열 $\langle a_n \rangle$의 계차수열을 구하게 되는 거야.

테트라 아, 그렇겠네요.

나 수열을 살펴볼 때처럼 정석대로 하는 거야. 계차수열 구하기. $a_{n+1} - a_n$을 계산하면 되겠지, 테트라.

나와 테트라는 전자계산기로 계차수열을 구했다.

$$
\begin{aligned}
a_2 - a_1 &= \sqrt{3} - \sqrt{1} &&= 0.7320508\cdots \\
a_3 - a_2 &= \sqrt{6} - \sqrt{3} &&= 0.7174389\cdots \\
a_4 - a_3 &= \sqrt{10} - \sqrt{6} &&= 0.7127879\cdots \\
a_5 - a_4 &= \sqrt{15} - \sqrt{10} &&= 0.7107056\cdots \\
a_6 - a_5 &= \sqrt{21} - \sqrt{15} &&= 0.7095923\cdots \\
a_7 - a_6 &= \sqrt{28} - \sqrt{21} &&= 0.7089269\cdots \\
a_8 - a_7 &= \sqrt{36} - \sqrt{28} &&= 0.7084973\cdots \\
a_9 - a_8 &= \sqrt{45} - \sqrt{36} &&= 0.7082039\cdots \\
a_{10} - a_9 &= \sqrt{55} - \sqrt{45} &&= 0.7079945\cdots \\
a_{11} - a_{10} &= \sqrt{66} - \sqrt{55} &&= 0.7078399\cdots \\
a_{12} - a_{11} &= \sqrt{78} - \sqrt{66} &&= 0.7077224\cdots \\
a_{13} - a_{12} &= \sqrt{91} - \sqrt{78} &&= 0.7076311\cdots \\
a_{14} - a_{13} &= \sqrt{105} - \sqrt{91} &&= 0.7075587\cdots \\
a_{15} - a_{14} &= \sqrt{120} - \sqrt{105} &&= 0.7075003\cdots \\
a_{16} - a_{15} &= \sqrt{136} - \sqrt{120} &&= 0.7074526\cdots \\
a_{17} - a_{16} &= \sqrt{153} - \sqrt{136} &&= 0.7074130\cdots \\
a_{18} - a_{17} &= \sqrt{171} - \sqrt{153} &&= 0.7073799\cdots \\
a_{19} - a_{18} &= \sqrt{190} - \sqrt{171} &&= 0.7073519\cdots \\
a_{20} - a_{19} &= \sqrt{210} - \sqrt{190} &&= 0.7073279\cdots
\end{aligned}
$$

테트라 이건…. 뭐라고 말하기 굉장히 애매하네요. 음, 그러니까, 0.7320508부터 0.71, 0.709로 점점 줄고 있어요.

나 그러네. 0.708이 계속 줄어서 0.707이 됐어.

테트라 네. 아래쪽에는 0.707로 시작하는 수가 계속 나오네요.

나 하지만 0.707 다음에 나오는 숫자가 일정한 것은 아니야. 그러니까 a_n의 그래프는 직선처럼 보이지만, 사실 그렇지 않은 거지. 직선은 기울기가 일정한데, 만약 기울기가 일정하다면 이웃한 두 항의 차 $a_{n+1} - a_n$은 일정해야 하니까.

테트라 0.707…은 정체불명인 수네요, 선배님….

나 정체불명이라니. 제대로 계산해서 얻은 값인걸.

테트라 맞아요, 계산해서 얻은 값이긴 한데요, 왜 0.707로 시작하는 수가 되는 건지, 그게 잘 이해가 안 돼요. 정체불명의 칠공칠 씨네요.

나 칠공칠 씨…. 누구야, 그 사람?

테트라 일단 이름을 붙여주면 친구가 될 수 있을 것 같아서요.

나 이 계차수열에는 $\langle b_n \rangle$이라고 이름을 붙이고 그래프로 나타내 볼까?

테트라 알겠어요. $b_n = a_{n+1} - a_n$의 그래프인 거죠?

나 응, 맞아.

수열 $\langle a_n \rangle$의 계차수열 $\langle b_n \rangle$의 정의

$$b_n = a_{n+1} - a_n \qquad (n = 1, 2, 3, \cdots)$$

수열 $\langle b_n \rangle$의 그래프

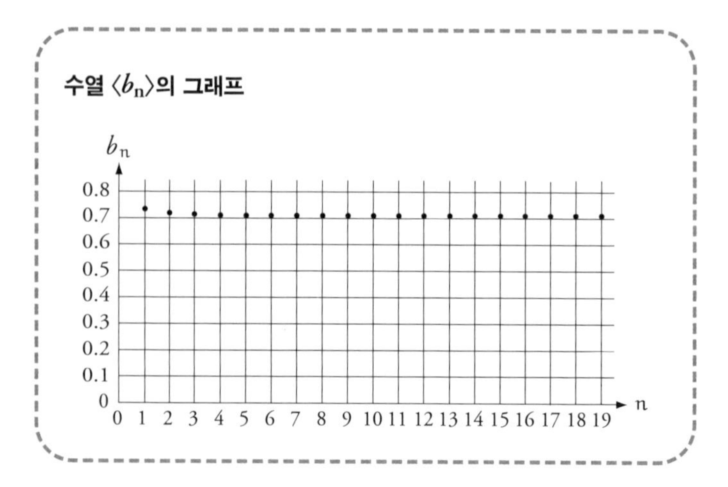

테트라 거의 같은 위치에 점들이 찍히는 것 같은데요….

나 하지만 수치로 보면 $\langle a_n \rangle$은 등차수열이 아니니까.

테트라 그렇다면, 선배님이 내신 문제1에는 대답하기 어렵겠네요. '수열 $\langle a_n \rangle$은 등차수열처럼 보이지만, 그렇지 않다'라는 대답은 너무 썰렁해요….

●●● **문제1**

다음 수열은 어떤 수열인가?

$$\sqrt{1},\ \sqrt{3},\ \sqrt{6},\ \sqrt{10},\ \cdots$$

4-7 미르카

미르카 오늘은 무슨 문제를 푸는 거야?

테트라 아, 미르카 선배님!

재원인 미르카가 바람처럼 나타났다.

테트라의 설명을 들은 미르카는 고개를 갸웃거렸다.

미르카 흐음….

테트라 뭐, 뭔가 이상한 데가 있나요?

미르카 테트라는 수열 $\langle a_n \rangle$의 그래프를 보고 수열 $\langle a_n \rangle$이 등차수열일지도 모르겠다고 생각한 거네.

테트라 네, 맞아요. 수열의 그래프가 정말 직선 같아 보였거든요. 이렇게 점이 나란히 찍혀 있었어요.

미르카는 손을 들어 테트라의 설명을 멈췄다.

미르카 테트라가 꼼꼼하게 잘 그려줬으니까, 그래프에 대해서는 잘 알겠어. 수열의 그래프를 보고 등차수열일지도 모른다고 생각했지만, 그 수열의 계차수열의 각 항의 값을 보고 그렇지 않은 거라는 판단을 내린 거지?

테트라 맞아요. 예를 들어 $b_1 = \sqrt{3} - \sqrt{1}$과 $b_2 = \sqrt{6} - \sqrt{3}$은 실제로 계산할 수 있는데요, 하지만 일정한 값이 나오지를 않아요. 모두 굉장히 근사한 값이 되기는 하지만요, 칠공칠 씨에게 말이에요.

또다시 미르카는 손을 들어 테트라의 설명을 멈췄다.

미르카 테트라가 잘 정리해서 적어줬으니, 계산해서 얻은 값에 대해서도 잘 알겠어. 그래서 지금은 뭘 하고 있는데?

나 결국 이 수열 $\langle a_n \rangle$에 대해서는 잘 모르겠다는 이야기를 하고 있던 참이었어.

미르카 왜 도중에 그만둔 거야? 그래프도 그렸고, 수치도 계산했어. 왜 네가 자신 있어 하는 수식을 사용하지 않지?

나 수식이라고?

미르카 수열 $\langle a_n \rangle$의 일반항은 이미 주어져 있잖아?

테트라 아, 네. $a_n = \sqrt{\sum_{k=1}^{n} k}$ 예요.

나 아, 그렇구나. 1에서 n까지의 정수의 합이로구나! 수식을 이용하면 계산이 가능하겠어!

4-8 합을 계산하기

나는 서둘러서 $\sqrt{\ }$ 안에 있는 $\sum$를 계산했다.

1부터 n까지의 정수의 합

$$\sum_{k=1}^{n} k = \frac{n(n+1)}{2}$$

테트라 선배님? 지금 휘리릭 계산하신 것 같은데, 이건 뭔가요?

나 이건 '1부터 n까지의 정수의 합'이야. 으…음, 그렇구나. a_n을 $\sum$ 없이 나타낼 수 있게 됐구나!

수열 $\langle a_n \rangle$의 일반항

$$a_n = \sqrt{\sum_{k=1}^{n} k} = \sqrt{\frac{n(n+1)}{2}}$$

테트라 시그마 님을 모실 필요가 없었네요.

미르카 시그마 님을 모신다고?

테트라 아, 맞다…. 죄, 죄송해요. 저, 시그마 님과 친구가 되고 싶어서, 그만 시그마 님을 모신다는 표현을 썼네요.

미르카 시그마 님을 모신다는 말은 '시그마를 사용해서 합을 구한다'는 뜻으로 쓴 거야?

테트라 네….

미르카 그렇다면 '시그마 님을 모실 필요가 없었다'고 하지 말고 '시그마 님을 모셨더니 $\sqrt{\frac{n(n+1)}{2}}$이 됐다'고 해야겠지.

미르카는 그렇게 말하고 짓궂게 미소를 지었다.

4-9 계차수열

미르카 a_n에만 신경 쓰는데, 중요한 건 그쪽이 아냐.

나 어?

미르카 a_n보다는 b_n이라고.

나 아아, 그렇구나, 그렇구나!

미르카 그치?

테트라 서, 선배님들! 잠시만요. 저만 내버려 두고 진행하지 말아 주세요! '그렇구나, 그렇구나!', '그치?', 두 분은 그렇게 말씀하시는데 제게도 뭘 하고 계신 건지 설명해 주신 다음에 다음 단계로 넘어가셨으면 해요!

미르카 얘가 얘기해 줄 거야.

미르카는 그렇게 말하고는 지휘자처럼 나를 가리켰다.

나 응, 기본적인 내용은 흐름상 아까 테트라가 정리한 상황의 연장 선상에 있어.

나의 상황 정리

① 우리는 무라키 선생님의 카드에 나온 수열 ⟨a_n⟩의 각 항에 해당하는 수를 알아보았다. 그리고 ⟨a_n⟩의 그래프를 그려 보니 직선에 가까운 형태로 점들이 찍히는 것을 알게 되었다.

② 하지만 엄밀하게 말하면 직선이 아니었다. 그건 계차수열인 ⟨b_n⟩의 각 항에 해당하는 수를 살펴본 결과, 쉽게 얻을 수 있는 결론이었다. ⟨b_n⟩의 그래프도 그려봤지만 별로 도움이 되지는 않았다.

③ 그런데 $a_n = \sqrt{\ }$ 안을 계산해 보니, 수열 ⟨a_n⟩의 일반항은 수식으로 이렇게 쓸 수 있다.

$$a_n = \sqrt{\frac{n(n+1)}{2}}$$

④ 그 다음은…

나 그 다음은….

테트라 다음은?

미르카 알겠어?

나 알고 싶어?

테트라 넵!

나 우리의 상황은 지금 이런 상태야, 테트라. 이렇게 '표로 정리해서 생각'하면 이해가 잘될 거야.

나의 상황 정리(표)

	수치	그래프	수식
수열 $\langle a_n \rangle$	확인	확인	확인
계차수열 $\langle b_n \rangle$	확인	확인	**미확인**

테트라 아앗! 이럴 수가! 일목요연하게 정리가 잘됐네요…. 아직 미확인인 건 계차수열 $\langle b_n \rangle$의 수식이에요!

나 그래, 맞아. 일반항 b_n을 수식으로 나타내 보는 거야.

테트라 머릿속으로 이렇게 생긴 표를 떠올리면, 정말 '그래, 그렇구나!'라는 생각이 들어요. 전 너무 맹한 것 같아요!

테트라가 과장된 몸짓으로 머리를 감쌌다.

미르카가 나를 쳐다보았다.

미르카의 따가운 시선에 밀려 나는 적당한 말을 골랐다.

나 아냐, 아냐, 전혀 맹하지 않아. 테트라, 괜찮아. 이제 다시 수학 얘기를 하자.

테트라 네….

나 이제 우리가 풀 문제는 이거야.

문제2

수열 $\langle a_n \rangle$의 일반항이

$$a_n = \sqrt{\frac{n(n+1)}{2}}$$

일 때, 계차수열 $\langle b_n \rangle$의 일반항 b_n을 수식으로 나타내시오.

미르카 어쨌든 손을 움직여서 좀 풀어볼까.

나 계차수열의 정의에 따라 계산하면 쉽게 풀릴 거야. 이렇게 하면 되겠지?

$$b_n = a_{n+1} - a_n$$ 계차수열의 정의에 따라

$$= \sqrt{\frac{(n+1)(n+2)}{2}} - \sqrt{\frac{n(n+1)}{2}}$$ 수열 $\langle a_n \rangle$의 일반항에서

$$= \frac{\sqrt{n+1}\sqrt{n+2}}{\sqrt{2}} - \frac{\sqrt{n}\sqrt{n+1}}{\sqrt{2}}$$ 양수의 곱이므로 루트를 나눌 수 있다.

$$= \frac{\sqrt{n+1}\left(\sqrt{n+2} - \sqrt{n}\right)}{\sqrt{2}}$$ $\frac{\sqrt{n+1}}{\sqrt{2}}$로 묶었다.

미르카 테트라. $\sqrt{n+2} - \sqrt{n}$이 나왔어.

테트라 네?

미르카 이걸 $\sqrt{n+2} - \sqrt{n} = \sqrt{2}$, 이대로 둬선 안 돼.

테트라 저도 그렇게 생각했었는데, 괜찮을 것 같아서….

나 일반항 b_n은 이대로도 맞지만, 조금 더 진행해도 좋겠지.

해답 2 (수열 $\langle b_n \rangle$의 일반항)

$$b_n = \frac{\sqrt{n+1}\left(\sqrt{n+2} - \sqrt{n}\right)}{\sqrt{2}}$$

미르카 너라면 이제 어떻게 할 거야?

나 이대로 두면 $\infty - \infty$가 되니까 이대로 두면 안 되겠지. 그렇구나. 분모와 분자에 합을 곱해서 분수로 만들면 $\frac{1}{n}$로 만들 수 있겠네.

미르카 흠. 그렇게 해 보자.

테트라 어, 저기요. 합을 곱한다는 거나, $\frac{1}{n}$로 만든다는 거는 무슨 이야기죠?

나 여기서 분모와 분자에 합 $\sqrt{n+2}+\sqrt{n}$을 곱한다는 거야. 분모와 분자에 같은 수를 곱해도 괜찮잖아.

$$b_n = \frac{\sqrt{n+1}\left(\sqrt{n+2}-\sqrt{n}\right)}{\sqrt{2}}$$

일반항 $\langle b_n \rangle$

$$= \frac{\sqrt{n+1}\left(\sqrt{n+2}-\sqrt{n}\right)\cdot\left(\sqrt{n+2}+\sqrt{n}\right)}{\sqrt{2}\cdot\left(\sqrt{n+2}+\sqrt{n}\right)}$$

분모와 분자에 $\sqrt{n+2}+\sqrt{n}$을 곱한다.

$$= \frac{\sqrt{n+1}\cdot\left((n+2)-(n)\right)}{\sqrt{2}\cdot\left(\sqrt{n+2}+\sqrt{n}\right)}$$

분자를 정리했다.

$$= \frac{2\cdot\sqrt{n+1}}{\sqrt{2}\cdot\left(\sqrt{n+2}+\sqrt{n}\right)}$$

다시 한 번 더 분자를 정리했다.

$$= \frac{\sqrt{2}\sqrt{n+1}}{\sqrt{n+2}+\sqrt{n}}$$

$\frac{2}{\sqrt{2}} = \sqrt{2}$ 이므로

테트라 죄송해요…. 분모와 분자에 $\sqrt{n+2}+\sqrt{n}$을 곱하는 건 왜죠?

나 '합과 차의 곱은 제곱의 차'를 사용한 거야, 테트라. 분자를 정리했으니, 이제 더욱 식을 변형할 수 있는 거지.

$$\begin{aligned}\left(\sqrt{n+2}-\sqrt{n}\right)\cdot\left(\sqrt{n+2}+\sqrt{n}\right) &= \left(\sqrt{n+2}\right)^2-\left(\sqrt{n}\right)^2 \\ &= (n+2)-(n) \\ &= 2\end{aligned}$$

테트라 하아, 하지만….

나 이제 b_n은 이런 형태로 나타내도 된다는 걸 알 수 있게 됐지.

해답 2a (수열 $\langle b_n \rangle$의 일반항)

$$b_n = \frac{\sqrt{2}\sqrt{n+1}}{\sqrt{n+2}+\sqrt{n}}$$

테트라 이 b_n은 아까 구했던 해답 2(183쪽)보다 복잡해 보이지 않아요?

미르카 목적이 있기 때문이야.

테트라 목적이요?

나 다음은 이렇게 하면 되겠지, 미르카. 일반항 b_n의 분모와 분자를 $\sqrt{n}$으로 나눠서….

$$b_n = \frac{\sqrt{2}\sqrt{n+1}}{\sqrt{n+2}+\sqrt{n}} \qquad \text{일반항 } b_n$$

$$= \frac{\sqrt{2}\sqrt{n+1}\cdot\frac{1}{\sqrt{n}}}{(\sqrt{n+2}+\sqrt{n})\cdot\frac{1}{\sqrt{n}}} \qquad \text{분모와 분자를 } \sqrt{n} \text{ 으로 나눈다.}$$

$$= \frac{\sqrt{2}\sqrt{\frac{n+1}{n}}}{\sqrt{\frac{n+2}{n}}+\sqrt{\frac{n}{n}}} \qquad \text{루트 안으로 넣는다.}$$

$$= \frac{\sqrt{2}\sqrt{1+\frac{1}{n}}}{\sqrt{1+\frac{2}{n}}+1} \qquad \text{계산한다.}$$

$$= \frac{\sqrt{2+\frac{2}{n}}}{\sqrt{1+\frac{2}{n}}+1} \qquad \sqrt{2}\text{를 } \sqrt{1+\frac{1}{n}} \text{ 안으로 넣는다.}$$

테트라 어?

미르카 테트라는 $\sqrt{\ }$에 대한 계산 연습이 부족한 건가?

나 a와 b가 0보다 클 때 $\sqrt{a}\sqrt{b} = \sqrt{ab}$라는 것을 사용했을 뿐이야.

테트라 아뇨, 그렇다기보다는 일반항 b_n이 더욱 복잡하게 변해서, 더 이상 따라갈 수 없다는 생각이 들어요…. 원래 수식을 간단한 형태로 만드는 것이 목적이 아닌가요?!

미르카 간단한 형태가 아니라, 편리한 형태야.

테트라 편리한 형태….

나 수식 변형은 이제 다 한 거야, 테트라. b_n은 이렇게 쓸 수 있다는 걸 알게 됐지.

해답 2b (수열 $\langle b_n \rangle$의 일반항)

$$b_n = \frac{\sqrt{2 + \frac{2}{n}}}{\sqrt{1 + \frac{2}{n}} + 1}$$

테트라 네….

나 $\frac{1}{n}$이 중요한 거야. $\frac{2}{n}$도 들어있긴 하지만.

테트라 하아….

나 n이 아주 커지면, $\frac{1}{n}$은 아주 작아지겠지.

미르카 틀렸어. '0에 매우 가까워져.'

나 아, 그렇구나. 미안. n의 값이 아주 커지면, $\frac{1}{n}$은 0에 매우 가까워지지.

테트라 네, n이 10이면, $\frac{1}{n}$은 $\frac{1}{10} = 0.1$이에요. n이 10000000이면, $\frac{1}{n}$은 $\frac{1}{10000000} = 0.0000001$이구요.

나 그렇다면 n의 값이 아주 커지면, $\frac{2}{n}$는 0에 매우 가까워져. 그러니까 n의 값이 아주 커지면, b_n은 'b_n의 식에 나오는 $\frac{2}{n}$의 자리에 0을 넣어 계산한 수'에 매우 가까워진다는 것을 알 수 있지. '매우 가깝다'는 것을 ≒로 나타내 볼게.

$$b_n = \frac{\sqrt{2+\boxed{\frac{2}{n}}}}{\sqrt{1+\boxed{\frac{2}{n}}}+1} \qquad b_n\text{의 일반항}$$

$$\fallingdotseq \frac{\sqrt{2+\boxed{0}}}{\sqrt{1+\boxed{0}}+1} \qquad \frac{2}{n}\text{의 자리에 0을 넣었다.}$$

$$= \frac{\sqrt{2}}{2} \qquad \text{계산했다.}$$

테트라 2분의 루트 2에 가까워진다….

나 $\sqrt{2}$ = 1.41421356…이잖아.

테트라 네. 1.41421356…, '하나 사고, 하나 사면 이일삼오륙' 이죠.

나 그렇다는 건 $\frac{\sqrt{2}}{2}$는 대략….

테트라 2로 나눴으니까, 0.70710678…이겠네요.

나 어딘가에서 본 적 있는 수이지 않아?

테트라 어딘가에서?

나 아까 나왔었잖아, b_{19}는 0.7073279…였고!

테트라 아앗! 칠공칠 씨! 여기에서 또 만나다니!

$$\begin{aligned} b_{19} &= \underline{0.707}3279 \cdots \\ \frac{\sqrt{2}}{2} &= \underline{0.707}10678 \cdots \end{aligned}$$

나 그럼 b_{19} = 0.7073279…는 아까 테트라가 계산한 값, $\frac{\sqrt{2}}{2} = 0.70710678\cdots$에 가까운 수지.

테트라 ….

미르카 계차수열의 일반항 b_n은 수식으로 나타낼 수 있었어. 그리고 n의 값이 아주 커지면, b_n이 $\frac{\sqrt{2}}{2}$에 매우 가까워진다는 것을 수식을 통해 알아보았고. 실제 수치를 계산하면 그 값에 가깝다는 것을 알 수 있지.

테트라 하하아….

나 그래. 이제 테트라가 '0.707…은 정체불명의 수네요'라고 한 말에 대답을 한 셈이야. 이 수는 $\frac{\sqrt{2}}{2}$라는 수에 가까워지고 있는 수인 거지.

테트라 …!

나 그럼, 수치를 계산하고, 그래프를 그리면, 일정한 값에 가까워진다는 것은 알 수 있고, 대개 이 정도의 값이구나, 하는 것도 알 수 있어. 하지만 정확한 건 알 수 없었지. 하지만 b_n을 수식으로 나타내서 n이 매우 클 때 $\frac{1}{n}$이 0에 매우 가까워진다는 것을 이용하면, 0.707…이 $\frac{\sqrt{2}}{2}$에서 나온 수라는 것을 알 수 있었어. 이제 정체불명이라고는 할 수 없는 수가 됐지.

테트라 그렇군요!

나 그래프나 수치, 그리고 수식을 보고 곰곰이 생각하는 건 꽤나 즐거운 일이야.

테트라 그렇다는 건 수열 $\langle a_n \rangle$에 대해 이제는 대답할 수 있게 된 거군요!

해답1

아래의 수열

$$\sqrt{1},\quad \sqrt{3},\quad \sqrt{6},\quad \sqrt{10},\quad \cdots$$

을 $\langle a_n \rangle$이라 하고, 이 수열의 계차수열을 $\langle b_n \rangle$이라고 하면 일반항은 각각

$$a_n = \sqrt{\frac{n(n+1)}{2}}$$

$$b_n = \frac{\sqrt{2+\frac{2}{n}}}{\sqrt{1+\frac{2}{n}}+1}$$

이 된다. 그리고 n의 값이 아주 커지면, b_n은

$$\frac{\sqrt{2}}{2} = 0.70710678\cdots$$

에 매우 가까운 값이 된다.

나 응, 잘 정리했네!

미르카 흠. $a_n = \sqrt{\frac{n(n+1)}{2}}$에서 계차수열이 $\frac{\sqrt{2}}{2}$에 수렴한

다는 건 한눈에 봐도 알 수 있겠는걸.

나 앗, 그런 거야?

미르카 $a_n = \sqrt{\frac{n(n+1)}{2}} = \frac{\sqrt{2}}{2}\sqrt{n^2+n}$ 이잖아. n의 값이 충분히 크면 $\sqrt{n^2+n}$ 안에 있는 n^2+n에서는 n^2이 지배적이지. n의 값이 클 때 n^2은 n보다 훨씬 크니까 말이야.

나 그렇겠네.

미르카 그렇다는 건 n의 값이 아주 커지면, $\sqrt{n^2+n}$ 은 $\sqrt{n^2}$ 이나 다름없는 셈이야. 그리고 $\sqrt{n^2}$ 은 그냥 n으로 볼 수 있고. 그러니까 n의 값이 아주 커지면, a_n이 $\frac{\sqrt{2}}{2}n$에 가까워진다는 것을 충분히 예상할 수 있지.

테트라 n의 값이….

미르카 그리고 일반항이 $\frac{\sqrt{2}}{2}n$인 수열은 등차수열이지. 공차는 $\frac{\sqrt{2}}{2}$겠고.

나 아, 벌써 $\frac{\sqrt{2}}{2}$가 나온 거야? 미르카는 역시 머리 회전이 빠르구나.

미르카 그냥 보기에 그렇다는 거지.

테트라 …아주 커지면.

나 테트라?

테트라 이제 겨우 저도 이해가 됐어요. 선배님들께서 이야기하신 것은 n의 값이 아주 커지면 a_n과 b_n이 어떻게 되는가에 관한 내용이었네요.

나 그래. 학교 수업에서라면 수열의 극한에 해당하는 내용이지.

미르카 뭐, 수열의 극한을 위한 준비 과정 정도겠지만.

테트라 저…. 신기하다는 생각이 들어요.

나 뭐가? 식의 변형을 얘기하는 거야?

테트라 아, 그게 아니라요. 식의 변형도 더욱 연습하지 않으면 안 되겠지만요. 무엇보다도 수식에 대한 이미지가 완전히 바뀌었어요.

미르카 ….

테트라 저는 수식이 엄밀히 생각하기 위한 도구라고 생각했었거든요. 하지만 선배님들은 넓게 생각하기 위한 도구로 수식을 사용하시는 것처럼 보였어요.

나 넓게 생각한다고?

테트라 아, 네…. 표현이 좀 이상할 수도 있겠네요. n이 아주 커지면 0에 매우 가까워진다라는 표현이나, n^2이 n보다도 지배적이라던가, 하는 내용 말이에요.

나 그렇게 생각할 수도 있겠구나.

테트라 게다가 일반항 b_n도 답이 하나가 아니라 생각하기 편하도록 다르게 나타낼 수 있는 것 같아서….

미르카 네 말이 맞아.

테트라 그래서 제가 보기에 선배님들은 전혀 다른 차원에서 수식과 친분을 갖고 계신 것 같아요. 단순히 그냥 친구라기보다는… 마치, 그러니까, 저….

이 말을 하면서 테트라는 얼굴이 빨갛게 달아오르자 고개를 푹 숙였다.

미르카 테트라가 한 생각이 재미있네. 하지만 수식을 다루는 것은 역시 엄밀해야 하는 거야. 테트라는 크기를 평가하는 것에 익숙하지 않은 것뿐이야. 그러니까 부등식의 세계에 대해서 말이야.

테트라 부등식의 세계…라고요?

미르카 우리가 항상 정확하게 대상을 인식하고 있다고는 할 수 없어. 수식을 얻더라도, 그 수식이 가진 의미를 충분히 이해할 수 없는 경우도 있지. 그럴 땐 부등식을 사용해서 평가하는 거야. 정확하게 알 수는 없어도, 이 범위에 답이 있겠구나, 하는 것이 확실해지면 일단은 만족하는 거지. 상한을 찾고, 그리고 하한도 찾는 거야. 그 다음엔 크기를 가늠해 보고. 부등식으로 범위를 좁혀나가는 거지. 테트라는 그런 방식에 익숙하지 않아서 그렇게 느끼게 된 것뿐이야.

그걸 수식과의 친분이라고 부르는 건 네 맘이지만.

테트라 네….

미르카 하지만 깊은 관계가 한순간에 가능할 리는 없지.

그렇게 말하고 미르카는 알쏭달쏭한 미소를 지었다.

테트라 우선 시그마를 씌우거나 루트를 씌우면서 관계를 맺기 시작하면 되겠네요!

미르카 넌 어떻게 생각해?

나 왜 갑자기 나한테 질문하는 거야?

미즈타니 선생님 하교 시간입니다.

"애초에 다가가려는 생각을 하지 않는다면 다가갈 수 없다."

제4장의 문제

●●● 문제 4-1 (시그마의 계산)

1에서 n까지의 정수의 합(177쪽)을 다음 식으로 얻을 수 있다는 것을 확인하시오.

$$\sum_{k=1}^{n} k = \frac{n(n+1)}{2}$$

(해답은 282쪽에)

●●● 문제 4-2 (시그마의 계산)

다음을 계산하시오.

$$\sum_{k=1}^{n} (2k-1)$$

(해답은 283쪽에)

●●● 문제 4-3 (제곱근의 계산)

다음을 계산하시오.

① $(\sqrt{3}+\sqrt{2})(\sqrt{3}-\sqrt{2})$

② $\dfrac{1}{\sqrt{6}-\sqrt{5}}$

③ $\sqrt{(a+b)^2-4ab}$ (단, $a>b$ 이다)

(해답은 285쪽에)

●●● 문제 4-4 (칠공칠 씨)

당신이 $\sqrt{2}$의 근사치를 암기하지 않은 상태라고 하자. 제곱했을 때 2보다 약간 작은 양수와, 약간 큰 양수를 시행착오를 통해 찾아서 $\dfrac{\sqrt{2}}{2}$가 대략 0.707이 된다는 사실을 확인하시오.

(해답은 287쪽에)

c
±
÷
x
7
8
9
−
4
5
6
+
1
2
3
=
0
.

제5장

미스 주사위의 극한값

"문제를 발견한다는 문제가
처음으로 대답해야 할 문제이다."

5-1 내 방에서

유리 오빠야, 그게 뭐야?

중학생인 유리가 내 방에 들어오면서 물었다.

나 아, 이거? 선생님께 빌려온 거야.

나는 '그것'을 유리에게 건네주었다.

유리 거대 주사위네! 뭐야, 이거 스테인리스야?

나 잘 모르겠지만, 금속 재질이란 건 틀림없는 것 같네.

유리 어, 의외로 가볍네. 동그란 모양으로 '눈'이 만들어져 있어. 이상하게 생긴 주사위다!

나 이 주사위의 특이한 점은 그게 아냐.

유리 무슨 말이야?

나 잘 살펴봐.

유리는 주사위의 다른 면을 돌려 보았다.

유리 이게 뭐야? 1, 2, 3…, 10이잖아! 게다가 이쪽은 14네! 눈 수가 큰 게 뭔가 찜찜한 기분이 드는데!

나 응, 이건 10과 14가 있는 주사위야.

유리는 주사위를 빙글빙글 돌려보며 각 면을 살폈다.

유리 1과 5는 없네.

나 그래. 유리야, '주사위의 규칙'을 알고 있니?

유리 음…, 더해서 7이 되면 되잖아.

'주사위의 규칙'

주사위의 한 면과 그와 마주보는 면의 '눈의 합'은 반드시 7이 된다.

- 1과 마주보는 면은 6이다(1 + 6 = 7).
- 2와 마주보는 면은 5이다(2 + 5 = 7).
- 3과 마주보는 면은 4이다(3 + 4 = 7).

나 그래. 마주보는 면의 눈의 합은 7이지. 보통 주사위라면 말이야.

유리 하지만, 이상하게 생긴 이 주사위는 달라. 보통 주사위랑 같은 건 '3과 마주보는 면이 4'인 것뿐이네. 음…, 6과 마주보는 면은 1이 아니라 14고, 2와 마주보는 면은 5가 아니라 10이네.

유리는 주사위를 주의 깊게 돌려 보며 말했다.

유리 이 주사위의 정체는 도대체 뭐야?

나 학교에 '무라키 선생님'이란 분이 계신데, 가끔 수학 문제를 내주셔. 수업이랑 관계없이 말이야.

유리 흐음.

나 이 주사위는 무라키 선생님께 빌린 거야.

유리 이걸로 무슨 게임을 하려고? 10이나 14가 나오면 큰 수네.

나 이 주사위를 가지고 자유롭게 생각해 보렴, 이라는 '연구과제'야.

유리 여기 있는 이상한 주사위로?

나 응. 뭐든 상관없으니까 재미있을 것 같은 걸 생각해 보려고.

유리 오빠야는 어떤 생각을 했는데?

나 아, 아직이야. 전개도를 그려본 게 다야.

유리 전개도라면…, 이거?

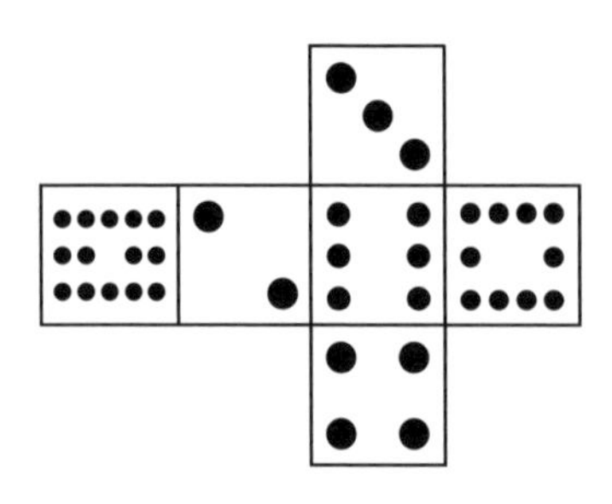

'내'가 그린 전개도

나 전개도를 보면 뭔가 재미있는 게 떠오를까 싶어서.

유리 오빠야, 이거 틀렸어!

나 그럴 리가.

유리 틀렸다니까! 맞게 그리면 이렇게 돼.

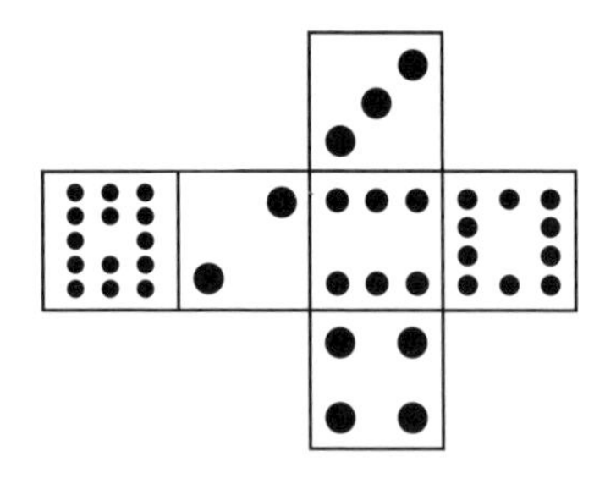

유리가 그린 전개도

나 다를 게 없잖아.

유리 각 면의 방향을 잘 보라고냐옹. 오빠야가 그린 전개도는 이 주사위랑 똑같지 않은걸.

나 뭐…, 그렇긴 하지만. 주사위의 눈은 모양보다 숫자로 생각하는 게 일반적이잖아.

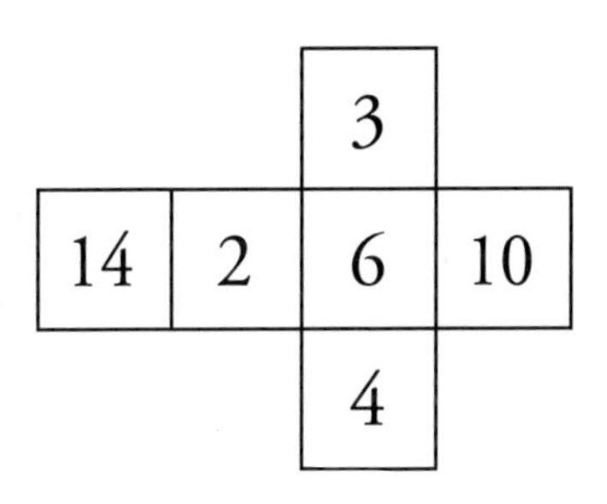

눈을 수로 바꾼 전개도

나와 유리는 잠시 묵묵히 전개도를 들여다보았다.

뭐든 괜찮다. 재미있는 게 없을까?

나 뭔가 떠오르는 거 있어?

유리 음…, 3이 아쉽네냐옹. '3 이외에는 전부 짝수'인데.

나 수의 나열….

유리 나열?

나 마구잡이로 고른 숫자가 아닐지도 모르잖아.

유리 이 전개도로 수열을 만들겠다는 거야?

나 엉?

유리 수의 나열이라는 건 수열을 얘기하는 거잖아?

5-2 전개도로 수열 만들기

나 재미있는 생각인걸. 우선 '계차수열'을 구해서….

유리 14, 2, 6, 10에서는, 뺄셈을 하면 −12, 4, 4겠네.

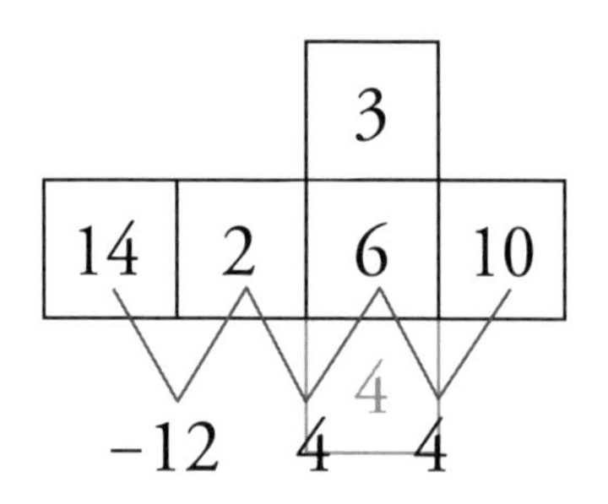

나 14를 오른쪽으로 보내는 게 재미있을 것 같네. 2, 6, 10, 14가 되니까 계차수열은 4, 4, 4야!

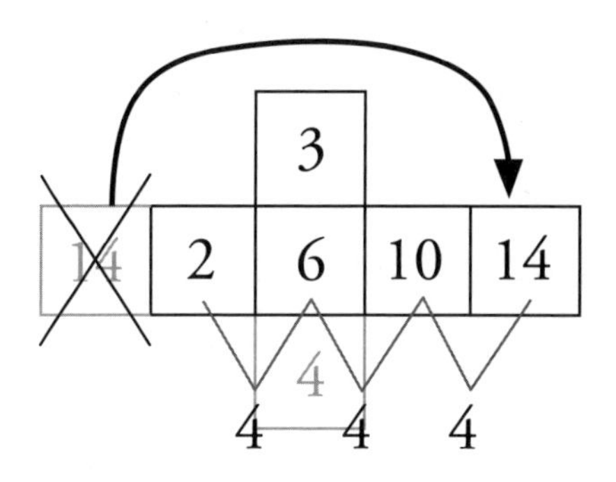

유리 오오…!

나 계차수열의 각 항이 같은 수가 되었어. 이건 등차수열이구나.

유리 ….

나 왜 그래?

유리 여기 세로에 있는 3, 6, 4는 어때? 계차수열은 3, −2인데.

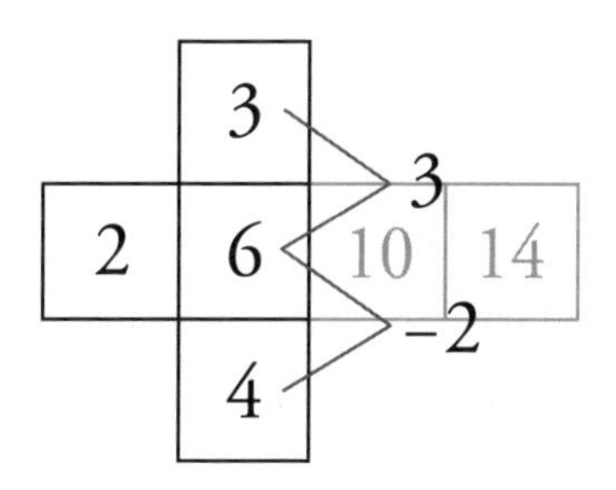

나 3개의 수로 계차수열을 만드니 억지스러운걸.

유리 억지스럽다니?

나 굳이 갖다 붙이자면 뭐든 의미를 부여할 수 있다는 거야.

유리 자유롭게 생각하라며!

나 뭐, 그랬었지. 그러네. 억지스러운 논리여도 상관없는 거네.

유리 역시, 3만 홀수라는 게 신경 쓰여.

나 그럼 '3은 6의 절반'이라고 생각하면 어때?

유리 오빠야, 머리 진짜 좋다…! 진짜 억지스러운 논리야.

나 아하하.

유리 아! 그렇다면 말이야…, 2랑 10이랑 14도 절반으로 나누면 어때?

나 ?

유리 1이랑 5랑 7을 넣어서 이런 표를 만드는 거지!

1	3	5	7
2	6	10	14
	4		

나 그럴 수도 있겠네. 주사위의 전개도에서 더욱 멀어진 형태가 됐지만.

유리 상관없잖아?

나 물론이지. 유리 생각대로, 뭐든 적어 봐.

유리 이제 3은 해결한 거야!

나 흠….

유리 하지만 이번엔 아래에 남은 4가 외로워 보이네.

나 그러네.

유리 1, 3, 5, 7은 홀수고, 가로로 나란히 놓여 있어. 그리고 2, 6, 10, 14는 등차수열. 하지만 그 아래에 4가 혼자 삐죽 튀어나와 있어.

나 유리야, 이 4를 다른 곳으로 이동해서 보자. 이 표의 4는 왼쪽으로 옮겨도 되지. 그렇게 해도 전개도 상으로는 오류가 없어. 여전히 이상하게 생긴 주사위는 만들 수 있지. 그치?

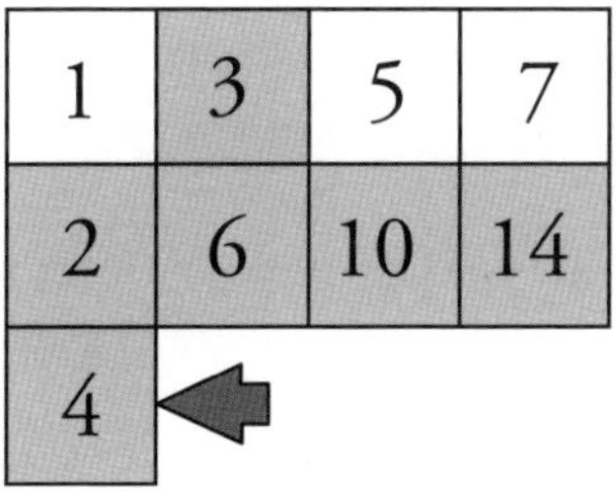

1	3	5	7
2	6	10	14
4	←		

유리 오빠야! 알겠다, 알겠다! 오른쪽 아래에 비어있는 세 칸도 채울 수 있겠구나!

나 그래. 6, 10, 14를 각각 2배 하면 되겠지.

유리는 급히 표의 빈칸을 채웠다.

1	3	5	7
2	6	10	14
4	12	20	28

유리 이제 됐지!

나 상당히 재미있는 표가 됐는걸.

유리 근데, 첫 번째 행은 1, 3, 5, 7이니까 '2씩' 커지잖아? 그리고 두 번째 행은 바로 그 2에서 시작해서 2, 6, 10, 14니까 '4씩' 커져. 마지막으로 세 번째 행은 바로 그 4로 시작해서 4, 12, 20, 28이 되니까 '8씩' 커졌어. 이거 재미있는 규칙이지 않아?!

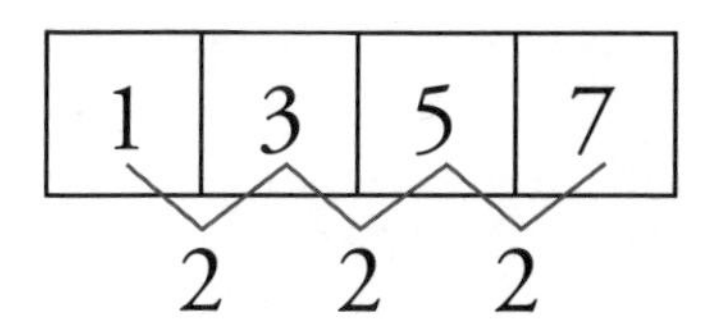

첫 번째 행은 1로 시작해서 '2씩' 커졌다.

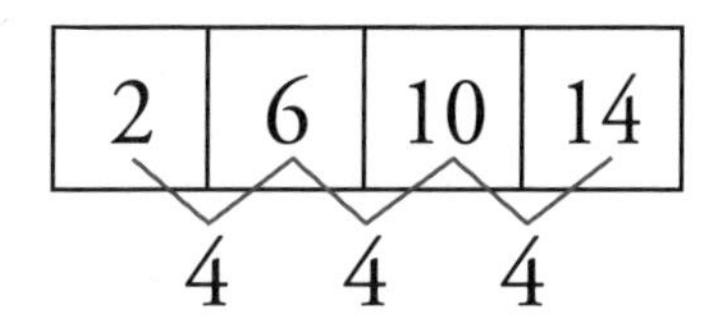

두 번째 행은 2로 시작해서 '4씩' 커졌다.

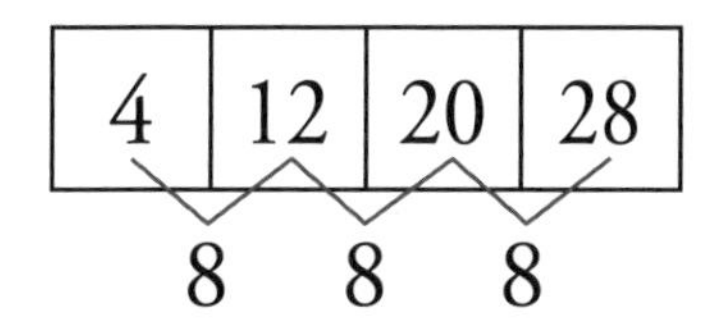

세 번째 행은 4로 시작해서 '8씩' 커졌다.

나 유리가 만들어낸 규칙대로 하면 계속 표를 키워나갈 수 있겠다.

유리 응, 계속, 계속, 무한하게 표를 키워나갈 수 있어!

1	3	5	7	9	⋯
2	6	10	14	18	⋯
4	12	20	28	36	⋯
8	24	40	56	72	⋯
16	48	80	112	144	⋯
⋮	⋮	⋮	⋮	⋮	⋱

나 응, 아주 흥미로운 표야.

유리 가장 왼쪽 열은 세로로 1, 2, 4, 8, 16으로 커지잖아?

나 응. 2의 거듭제곱이네.

유리 그리고 오른쪽으로 계속 숫자를 써넣게 되는데, 첫 번째 행은 2씩, 두 번째 행은 4씩, 세 번째 행은 8씩…. 그러니까 '다음 행에서 가장 왼쪽에 위치하는 수'를 순서대로 더해 나가는 거야.

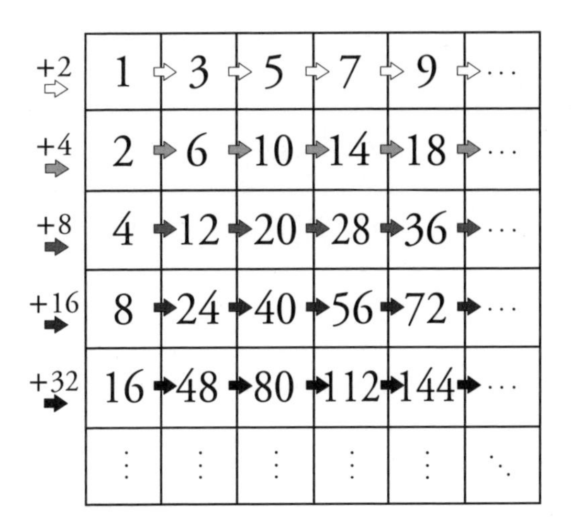

+2	1	3	5	7	9	…
+4	2	6	10	14	18	…
+8	4	12	20	28	36	…
+16	8	24	40	56	72	…
+32	16	48	80	112	144	…
	⋮	⋮	⋮	⋮	⋮	⋱

나 그렇구나, 그런 규칙으로도 설명할 수 있겠네.

유리 뭔가 더 할 말이 있어 보이는데.

나 나라면 이렇게 말할 거야. '가장 위의 행에 1, 3, 5, 7, 9, … 라는 홀수 수열을 적는다. 그리고 각 수를 2배 한 수를 아래에 쓴다'라고 말이야.

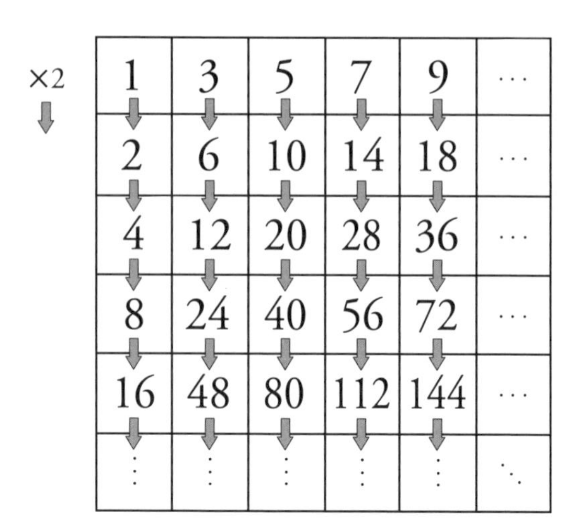

1	3	5	7	9	…
2	6	10	14	18	…
4	12	20	28	36	…
8	24	40	56	72	…
16	48	80	112	144	…
⋮	⋮	⋮	⋮	⋮	⋱

유리 결국 내가 한 말이랑 뭐가 달라!

나 '첫 번째 행에는 홀수 수열, 아래로 갈수록 2를 계속 곱한다'가 더욱 간결한 설명이잖아.

유리 뭐랄까…, 진 기분인데.

나 세로로 쓴 수는 '제1항이 홀수고, 공비가 2인 등비수열'이라고 해도 돼. 같은 표라도 여러 가지 방법으로 설명할 수 있는 거니까. 유리가 설명한 방식으로 말해도 괜찮아.

유리 됐어! 더 재미있는 방법을 생각할 거야!

유리는 진지한 표정으로 표를 뚫어져라 쳐다보았다.

말총머리로 묶은 밤색 머리카락이 금빛으로 반짝인다.

나 ….

유리 후후후. 이건 어떠냐! 위에 홀수가 있고, 왼쪽에 2의 거듭제곱이 있는…. 이건 '곱셈표'야!

1	3	5	7	9	…
2	6	10	14	18	…
4	12	20	28	36	…
8	24	40	56	72	…
16	48	80	112	144	…
⋮	⋮	⋮	⋮	⋮	⋱

곱셈표

나 아아! 곱셈표! 알기 쉬운 설명이다!

유리 흐흠.

나 정말 그러네….

- 제1행은 홀수 수열(1, 3, 5, 7, 9, ⋯)
- 제1열은 2의 거듭제곱으로 이루어진 수열
  (1, 2, 4, 8, 16, ⋯)
- 표 전체는 행과 열의 곱셈(홀수와 2의 거듭제곱의 곱)

유리 어때, 잘했지?

나 잘했어, 잘했어. 그런데 유리가 한 설명 덕분에 새롭게 생각난 것이 있어. 이 표에 재미있는 점이 있어.

유리 뭔데?

●●● **퀴즈**

이 표는 어떤 점에서 재미있는 것일까?

1	3	5	7	9	⋯
2	6	10	14	18	⋯
4	12	20	28	36	⋯
8	24	40	56	72	⋯
16	48	80	112	144	⋯
⋮	⋮	⋮	⋮	⋮	⋱

나 잘 모르겠어?

유리 모르겠다냐옹. 오른쪽 아래로 갈수록 값이 커진다는 것 정도?

나 유리가 좋아할 만한, 깔끔하게 정리되는 내용인데.

유리 뭐지.

나 그럼 힌트 줄까?

유리 으음…. 그럼 줘, 힌트.

나 1, 2, 3, 4, 5, 6, … 순서대로 표에서 숫자를 찾아봐.

유리 1, 2, 3, 4, 5, 6, … 이렇게?

1	3	5	7	9	…
2	6	10	14	18	…
4	12	20	28	36	…
8	24	40	56	72	…
16	48	80	112	144	…
⋮	⋮	⋮	⋮	⋮	⋱

나 좀 더 해봐.

유리 7, 8, 9, 10이고, 11은… 홀수니까 제1행에서 나오겠네.

나 12는?

유리 6 아래에 있어. 13은 홀수니까 제1행에 나올 거고. 그럼 14는… 앗! 이 표 안에 모두 나오는 거야?!

1	3	5	7	9	11	13	…
2	6	10	14	18	…		
4	12	20	28	36	…		
8	24	40	56	72	…		
16	48	80	112	144	…		
⋮	⋮	⋮	⋮	⋮	⋱		

나 그래! 이 표에는 자연수(1, 2, 3, …)가 모두 등장해. 게다가 모두 딱 한 번씩만 나와!

퀴즈의 답

이 표에는 모든 자연수(1, 2, 3, …)가 한 번씩 나온다.

1	3	5	7	9	…
2	6	10	14	18	…
4	12	20	28	36	…
8	24	40	56	72	…
16	48	80	112	144	…
⋮	⋮	⋮	⋮	⋮	⋱

유리 우와아…! 근데 정말이야? 안 겹쳐?

나 안 겹쳐. 어떤 자연수든지 이 표에서는 딱 한 번, 반드시 등장해. 수학적으로 증명 가능해.

유리 우와아아앗!

나 응, 가능해. 유리가 말한 '곱셈표'라는 말을 듣고 알게 되었어. 설명해 줄게, 잘 들어봐.

유리 응!

나 주어진 자연수를 2로 계속 나누는 거야. 그럼 언젠가 홀수가 되겠지.

유리 응, 그렇지.

나 예를 들어 2로 m번 나누었더니 홀수가 되었다고 하자. 그럼 주어진 자연수는 2^m으로 나누어떨어진다고 할 수 있어.

유리 응, 그렇겠다. 아, 잠깐만. 주어진 자연수가 애초에 홀수인 경우는 어떡해?

나 그럴 땐 $m = 0$으로 하면 돼.

유리 그렇구나.

나 2^m으로 나눈 결과는 홀수고, 모든 홀수는 $2n + 1$로 나타낼 수 있으니까, 결국 모든 자연수는 다음과 같이 나타낼 수 있어. 게다가 m과 n은 한 번의 계산을 통해 얻어지고.

모든 자연수는 다음과 같은 형태로 나타낼 수 있고,
m과 n은 한 번의 계산을 통해 얻어진다.

$$2^m \times (2n + 1) \qquad (m, n\text{은 모두 0 이상의 정수})$$

유리 2^m으로 나누면 홀수 $2n + 1$이 남는다는 거야?

나 그래. 2^m으로 나눈 몫이 $2n + 1$이라는 거야. 주어진 자연수를 이렇게 나누면 0 이상의 정수 2개의 순서쌍(m, n)을 얻을 수 있는데, 이게 유리가 만든 표에서 행의 번호와 열의 번호에 해당하는 거야!

유리 으음…, 마지막 부분에서 이해가 잘 안 되네.

5-3 실제 사례

나 그렇다면, 예를 들어 40이라는 자연수가 주어졌다고 해 보자.

유리 응.

나 40을 2로 계속 나누면 $40 \rightarrow 20 \rightarrow 10 \rightarrow 5$니까 최대 3번 나눌 수 있어. 즉, $m = 3$이야.

유리 40은 $2^3 = 8$로 나누어떨어진다는 거지?

나 그래, 맞아. 40은 $2^3 = 8$로 나누어떨어지지만 $2^4 = 16$으로는 나눌 수 없다는 거야.

유리 응.

나 그리고, 40을 $2^3 = 8$로 나누면 몫이 5인데, 이건 당연히 홀수지. 홀수인 5는 $5 = 2 \cdot 2 + 1$이라는 형태로 나타낼 수 있어. 즉 $5 = 2n + 1$을 만족시키는 n의 값은 2인 거지.

유리 40을 8×5로 나타낸다는 거야?

나 그래, 맞아. 잘 정리해서 쓰면 이렇게 돼.

$$\begin{aligned} 40 &= 2^m \times (2n + 1) \\ &= 2^3 \times (2 \cdot 2 + 1) \qquad m = 3, n = 2 \end{aligned}$$

유리 호오….

나 40에 대해 $(m, n) = (3, 2)$라는 순서쌍을 얻었지.

유리 호오, 호오….

나 그리고 이 (3, 2)는 유리가 만든 표에서 행의 번호와 열의 번호에 해당해. 행은 $m = 3$이고, 열은 $n = 2$인 교차점이 딱 40이지?

		n					
		0	1	2	3	4	⋯
	0	1	3	5	7	9	⋯
	1	2	6	10	14	18	⋯
	2	4	12	20	28	36	⋯
m	3	8	24	40	56	72	⋯
	4	16	48	80	112	144	⋯
	⋮	⋮	⋮	⋮	⋮	⋮	⋱

유리 호오⋯, 호오⋯! $8 \times 5 = 40$이지, 그렇구나!

나 어떤 자연수에 대해서도 (m, n)이라는 순서쌍은 오직 하나뿐이야. 그러니까 모든 자연수가 이 표에 한 번은 반드시 나온다고 할 수 있지.

유리 재미있다냐옹⋯. 그럼, 오빠야의 선생님은 이렇게 할 것을 미리 다 예상하고 저기 있는 이상한 주사위를 빌려 주신 거야?

나 응? 글쎄, 그건 잘 모르겠다.

유리 이 주사위에 대한 설명서 같은 건 없어?

나 그러고 보니 주사위가 들어 있던 상자가 있어.

유리 상자라면, 이거 말하는 거야?

나 응. 주사위는 이 상자에 넣은 채로 빌린 거야.

유리 오빠야…, 설명서 들어 있잖아!

나 어?

유리 잘 봐, 바닥에 카드가 있어.

나 앗, 무라키 선생님께서 내 주신 문제인가?

5-4 무라키 선생님께서 내주신 문제

무라키 선생님께서 내주신 문제

$$\frac{2}{3}+\frac{4}{15}+\frac{16}{255}+\frac{256}{65535}+\frac{65536}{4294967295}+\cdots$$

유리 이건…. 이걸 계산하라는 건가?

나 그런 것 같아.

유리 왠지 굉장히 복잡해 보이는 분수네…. 마구잡이로 숫자를 쓴 것 같아.

나 아냐, 전혀 마구잡이로 낸 문제가 아니야.

유리 그래?

나 응. 예를 들어, 분자를 잘 봐. 2, 4, 16, 256, 65536은 전부 2의 거듭제곱이잖아.

$$
\begin{aligned}
2 &= \underbrace{2}_{1\text{개}} &&= 2^1 \\
4 &= \underbrace{2 \times 2}_{2\text{개}} &&= 2^2 \\
16 &= \underbrace{2 \times 2 \times 2 \times 2}_{4\text{개}} &&= 2^4 \\
256 &= \underbrace{2 \times 2 \times 2 \times \cdots \times 2}_{8\text{개}} &&= 2^8 \\
65536 &= \underbrace{2 \times 2 \times 2 \times 2 \times \cdots \times 2}_{16\text{개}} &&= 2^{16}
\end{aligned}
$$

유리 3제곱이랑 5제곱은 없어.

나 그러네. 있는 건 1제곱, 2제곱, 4제곱, 8제곱, 16제곱….

유리 오빠야, 이거….

나 지수가 2의 거듭제곱으로 되어 있구나!

유리 오오오!

나 복잡해질 것 같으니까 이 시점에서 잘 정리해 두자.

유리 그런 건 됐으니까, 빨리 계산해 보자.

나 안 돼. 급하게 계산해봤자 별로 소득은 없어. 이 종이에 쓰인 수식의 끝부분에 말줄임표가 붙어 있잖아?

●●● **무라키 선생님께서 내 주신 문제**

$$\frac{2}{3}+\frac{4}{15}+\frac{16}{255}+\frac{256}{65535}+\frac{65536}{4294967295}+\cdots$$

유리 있는데, 왜?

나 이 합을 계산하면 되긴 하는데, 여기 적힌 식 이후로도 계속 항이 있을 거란 얘기야, 무한하게.

유리 그래서?

나 그러니까, 이후에 어떤 항이 나올지 확실히 예상해 둬야지. 그렇게 아무런 예상도 하지 않고 막 풀면, 아무리 열심히 계산하더라도 결과는 무의미해질 뿐이야. 그러니까 서두르지 말고 정리해 두자.

유리 그럼 빨리 정리하자구…!

5-5 정리와 일반화

나 이 분수의 분자에는 2, 4, 16, 256, 65536, …이라는 수가 나와. 이건 2의 거듭제곱이긴 한데, 그 지수 역시도 2의 거듭제곱인 수열이야.

$$
\begin{aligned}
2 &= 2^1 &= 2^{2^0} \quad & \text{제1항의 분자} \\
4 &= 2^2 &= 2^{2^1} \quad & \text{제2항의 분자} \\
16 &= 2^4 &= 2^{2^2} \quad & \text{제3항의 분자} \\
256 &= 2^8 &= 2^{2^3} \quad & \text{제4항의 분자} \\
65536 &= 2^{16} &= 2^{2^4} \quad & \text{제5항의 분자} \\
&\vdots
\end{aligned}
$$

유리 아까 이미 나온 얘기잖아.

나 그렇긴 하지만, 이렇게 제1항은, 제2항은, 제3항은…이라는 식으로 정리하는 게 중요해.

유리 왜?

나 이렇게 정리하면, '그렇다면 제k항의 분자는?'이라는 질문에 대답할 수 있거든.

유리 제k항….

나 구체적인 값을 정리하면 일반화할 때 실수가 없어. 유리도 알겠지, 제k항의 분자가 어떻게 되는지?

유리 응, 알아. '2의 '2의 k − 1제곱'의 제곱'이야!

$$2^{2^{k-1}} \quad \text{제k항의 분자}$$

나 맞아!

유리 결국 일종의 패턴인걸. 제1항은 0제곱, 제2항은 1제곱…. 그럼 제k항은 k − 1제곱이잖아?

$$\begin{array}{rcccll}
2 & = & 2^1 & = & 2^{2^{\boxed{0}}} & \boxed{1}\ \text{제1항의 분자} \\
4 & = & 2^2 & = & 2^{2^{\boxed{1}}} & \boxed{2}\ \text{제2항의 분자} \\
16 & = & 2^4 & = & 2^{2^{\boxed{2}}} & \boxed{3}\ \text{제3항의 분자} \\
256 & = & 2^8 & = & 2^{2^{\boxed{3}}} & \boxed{4}\ \text{제4항의 분자} \\
65536 & = & 2^{16} & = & 2^{2^{\boxed{4}}} & \boxed{5}\ \text{제5항의 분자} \\
 & \vdots & & & \vdots & \vdots \\
 & & & & 2^{2^{\boxed{k-1}}} & \boxed{k}\ \text{제k항의 분자}
\end{array}$$

나 그래. 구체적으로 정리하면 '패턴이 있구나'라는 사실을 알 수 있게 되지. 그 점이 중요한 거야.

유리 빨리 분모도 정리해 보자…!

$$\begin{array}{rcccll}
3 & = & 2^2 - 1 & = & 2^{2^{\boxed{1}}} - 1 & \boxed{1}\ \text{제1항의 분모} \\
15 & = & 2^4 - 1 & = & 2^{2^{\boxed{2}}} - 1 & \boxed{2}\ \text{제2항의 분모} \\
255 & = & 2^8 - 1 & = & 2^{2^{\boxed{3}}} - 1 & \boxed{3}\ \text{제3항의 분모} \\
65535 & = & 2^{16} - 1 & = & 2^{2^{\boxed{4}}} - 1 & \boxed{4}\ \text{제4항의 분모} \\
4294967295 & = & 2^{32} - 1 & = & 2^{2^{\boxed{5}}} - 1 & \boxed{5}\ \text{제5항의 분모} \\
 & \vdots & & & \vdots & \vdots \\
 & & & & 2^{2^{\boxed{k}}} - 1 & \boxed{k}\ \text{제k항의 분모}
\end{array}$$

나 이제 제k항의 분모와 분자를 알았으니까, 문제에 나온 수식을 이렇게 고쳐도 괜찮을 거야.

●●● **무라키 선생님께서 내 주신 문제 (제k항을 추가했다)**

$$\underbrace{\frac{2}{3}}_{\text{제1항}}+\underbrace{\frac{4}{15}}_{\text{제2항}}+\underbrace{\frac{16}{255}}_{\text{제3항}}+\underbrace{\frac{256}{65535}}_{\text{제4항}}+\underbrace{\frac{65536}{4294967295}}_{\text{제5항}}+\cdots+\underbrace{\frac{2^{2^{k-1}}}{2^{2^k}-1}}_{\text{제k항}}+\cdots$$

유리 귀찮아….

나 마이너스가 붙은 위치에 주의해야 해. 분자에 있는 −1은 지수에 포함된 거지만, 분모에 있는 −1은 그렇지 않아.

유리 이제 계산을 시작할 수 있겠구나!

나 잠깐만… 음, 이렇게도 쓸 수 있어.

●●● **무라키 선생님께서 내 주신 문제**
(모든 항을 2의 거듭제곱의 형태로 썼다)

$$\underbrace{\frac{2^{2^1-1}}{2^{2^1}-1}}_{\text{제1항}}+\underbrace{\frac{2^{2^2-1}}{2^{2^2}-1}}_{\text{제2항}}+\underbrace{\frac{2^{2^3-1}}{2^{2^3}-1}}_{\text{제3항}}+\underbrace{\frac{2^{2^4-1}}{2^{2^4}-1}}_{\text{제4항}}+\underbrace{\frac{2^{2^5-1}}{2^{2^5}-1}}_{\text{제5항}}+\cdots+\underbrace{\frac{2^{2^k-1}}{2^{2^k}-1}}_{\text{제k항}}+\cdots$$

유리 흐음…. 그럼, 오빠야, 256이나 65535를 봤을 때 '마구잡이로 쓴 숫자' 같다고 생각했는데, 수식으로 정리해서 써 보니까 '마구잡이로 쓴 숫자' 같지 않네.

나 그래, 그건 수식이 깔끔한 패턴을 보여주고 있기 때문일 거야. 동일한 리듬의 반복, 같은 패턴의 반복. 그런 것이 있으면 수를 적당히 늘어놓은 것이 아니라, 뭔가 제대로 의미가 있는 것처럼 느껴지게 돼.

유리 ….

5-6 계산 시작

나 그럼 이제 계산을 시작하자. 이름을 붙이면 덜 헛갈릴 거야. 제1항은 a_1, 제2항은 a_2… 이런 식으로 정리할게.

유리 응, 알겠어.

나 그럼, 대략 어느 정도인지 전자계산기로 계산해 보자.

$$a_1 = \frac{2}{3} = 0.66666666666667$$

$$a_2 = \frac{4}{15} = 0.26666666666667$$

$$a_3 = \frac{16}{255} = 0.062745098039222$$

$$a_4 = \frac{256}{65535} = 0.0039063096055$$

$$a_5 = \frac{65536}{4294967295} = 0.000015258789 07$$

유리 0.00001525878907이라니, 엄청 작아지네.

나 그래. a_k는 k가 커짐과 동시에 급격히 작아지지. 그건 당연한 걸지도 몰라. 분자에 비해 분모가 급격히 커지니까.

유리 으음….

나 a_1부터 a_k까지 더한 값은 S_k라고 하자. 그럼 이제 S_1, S_2, S_3, …을 계산하는 거야.

유리 응!

$$
\begin{aligned}
S_1 &= a_1 &&= 0.66666666666667 \\
S_2 &= a_1 + a_2 &&= 0.93333333333334 \\
S_3 &= a_1 + a_2 + a_3 &&= 0.99607843137256 \\
S_4 &= a_1 + a_2 + a_3 + a_4 &&= 0.99998474097811 \\
S_5 &= a_1 + a_2 + a_3 + a_4 + a_5 &&= 0.99999999976718 \\
&\vdots
\end{aligned}
$$

나 아, 이건….

유리 오빠야! 이거, 아마도 9가 계속 나올 것 같아.

나 응, 아마 그럴 거야.

유리 앗싸! 다 풀었다!

나 하지만 k의 값이 계속 커지면, S_k의 값이 결국 어떤 값에 가까워지는지 이것만으로는 알 수 없어.

유리 그럼 어떻게 하지?

나 수식을 사용하면 돼. 우리가 구하려는 건 k의 값이 계속 커졌을 때, S_k가 한없이 가까워지는 극한값이야. 아까 제k항을 수식으로 나타냈으니까, 극한값이 존재하는지, 만약 존재한다면 그 값을 알아볼 수 있을 거야. limit(리미트)의 약자를 따서 lim이라는 기호를 사용해서 $\lim_{k \to \infty} S_k$라고 나타내면 돼.

$$S_k = a_1 + a_2 + \cdots + a_k$$

$$\lim_{k \to \infty} S_k = a_1 + a_2 + \cdots$$

유리 흐음….

나 k의 값을 1, 2, 3, …. 이런 식으로 크게 하면, S_k가 어떤 특정한 값에 한없이 가까워진다고 하자. 그때, 그 값을 $\lim_{k \to \infty} S_k$라고 쓰는 거야. 식의 의미를 제대로 이해하려면 극한에 대해 공부해야 하지만.

유리 어떤 특정한 값?

나 그래. 어떤 특정한 값에 한없이 가까워진다고 했을 때, 그 값을 $\lim_{k \to \infty} S_k$로 나타낸다는 약속이 있어.

유리 한없이 가까워진다…라니, 무슨 소리인지 잘 모르겠다냐옹.

나 응, 어려운 개념이긴 하지만, S_1, S_2, S_3, S_4, S_5를 전자계산기로 계산하면, 어떤 건지 이미지를 떠올릴 수 있겠지.

유리 이미지라고?

나 0.999 뒤로 9가 계속된다면, 어떤 특정한 값에 가까워지겠지?

유리 응, 1에 가까워지겠지.

나 바로 그거야! 그러니까 우리는 이렇게 예상할 수 있어.

우리의 예상

$$\lim_{k \to \infty} S_k = a_1 + a_2 + \cdots = 1$$

유리 응? 1이랑 같다고 해도 되는 거야? 0.999…랑 같다고 해야 되는 거 아냐?

나 어느 쪽이든 마찬가지야. 0.999… = 1이니까.

유리 0.999… = 1이라고 해도 돼?

나 응, 돼. 0.999…랑 1은 엄밀히 같으니까.

유리 정말이야?

5-7 0.999… = 1에 대한 이야기

나 그래. '0.999…'라는 건, 어느 특정한 값을 나타내고 있어. 그건, 0.9, 0.99, 0.999, 0.9999로 계속되는 수열을 떠올렸을 때, 한없이 가까워지는 수인 거지. 구체적으로 말하면 1

이야. 그러니까 0.999⋯ = 1은 수학적으로 맞는 등식이야.

유리 그렇구나. 난, 0.999⋯는 1보다 '조금은 작은 수'라고 생각했어.

나 자주 오해하는 부분이긴 하지. 0.999⋯는 1과 엄밀히 말해서 같은 거야.

유리 하지만, 아무리 0.9, 0.99, 0.999, 0.9999라는 식으로 계속해도 1보다는 작은 거 아냐?

나 맞아, 그 생각은 옳아. 하지만 0.9, 0.99, 0.999, 0.9999라는 식으로 수열이 계속된다면, 이 수열은 결국 어떤 수에 가까워진다고 생각해? 이 수열에 포함되지 않는 수여도 괜찮아. 이 수열이 어떤 하나의 수에 한없이 가까워진다고 한다면, 그 수는 뭘까?

유리 아! 0.9, 0.99, 0.999, 0.9999의 수열에 나오는 수가 아니어도 되는 거야?

나 응, 맞아. 한없이 가까워지는 수는 뭘까?라는 질문에 대해 생각해 보자. 정확히 일치하지 않아도 돼.

유리 흐흠. 그렇다면 1이겠네. 1에 한없이 가까워지고 있으니까.

나 그래. 한없이 가까워지고 있는 수를 '0.999⋯'라고 점을 여러 개 찍어서 나타내기로 약속이 되어 있어. 그러니까

0.999⋯ = 1은 엄밀히 말해서 옳은 등식이야.

유리 응, 좀 이해가 되는 것 같아.

나 그럼 우리가 풀던 문제를 다시 생각해 보자.

유리 응!

5-8 우리가 풀던 문제

나 우리는 k의 값이 커졌을 때 S_k가 어떤 값에 한없이 가까워지는지를 알아보려고 해.

유리 아마 1이겠지⋯.

나 응, 그렇게 예측은 가능하지. 우선은 S_k를 구성하는 a_k에 대해 구체적으로 생각해 보자.

$$a_k = \frac{2^{2^{k-1}}}{2^{2^k} - 1}$$

나 우선 이 식에 익숙해지도록 자세히 살펴보자. 그리고 우리들의 목표는 $\lim_{k\to\infty} S_k$야.

••• 문제

수열 $\langle a_n \rangle$의 제k항을

$$a_k = \frac{2^{2^{k-1}}}{2^{2^k} - 1}$$

라 한다. 또한 이 수열의 부분합 S_k를

$$S_k = a_1 + a_2 + \cdots + a_k$$

라 한다. 이때,

$$\lim_{k \to \infty} S_k = 1$$

이 성립하는가?

유리 있지, 오빠야는 이미 답을 다 알고 있는 거야?

나 아니, 아직이야. 이제부터 생각하겠지만, 만약의 경우 중간에 막힐 수도 있어.

유리 흐음. 그럴 땐 유리 님께서 구원의 손을 내밀어 줄 거야.

나 …참 믿음직스럽다.

유리 수식을 잘 보면 되는 거잖아? 뚫어져라….

$$a_k = \frac{2^{2^{k-1}}}{2^{2^k} - 1}$$

나 이 수식을 보면서, k의 값이 커졌을 때 어떻게 될지 생각해 보려고 하는데, $2^{2^{k-1}}$이랑 2^{2^k}이 좀 신경 쓰이네.

유리 왜?

나 k가 두 군데로 나뉘어 있잖아. 그리고 한 쪽은 $k-1$이고, 다른 한 쪽은 k야. 그게 왠지 마음에 안 들어.

유리 그렇게 느낌으로 판단하는 거야?

나 아냐, 이 느낌이 맞을지는 나도 잘 몰라.

유리 그래서? 이제 어떡해?

나 음, 예를 들어 이렇게 한번 생각해 보자.

$$2^k = 2^{k-1} \times 2$$

나 이건 이미 아는 거지? k개만큼 곱하라는 건, 2를 $k-1$개만큼 곱한 뒤에 2를 한 번 더 곱하는 거랑 같아.

유리 응, 그렇지.

나 지금 이야기한 내용을 지수에 사용해 보자.

$$2^{2^k} = 2^{2^{k-1} \times 2}$$

유리 흠, 흠.

나 여기 $\times 2$는 지수 법칙을 사용하면 전체의 제곱으로 나타낼 수 있어.

$$2^{2^k} = 2^{2^{k-1} \times 2} = \left(2^{2^{k-1}}\right)^2$$

유리 괜스레 더 복잡해졌잖아!

나 아니야. 잘 봐, 이 두 곳이 같은 모양이 됐어.

$$a_k = \frac{2^{2^{k-1}}}{2^{2^k} - 1} = \frac{\boxed{2^{2^{k-1}}}}{\boxed{2^{2^{k-1}}}^2 - 1}$$

유리 호오라…. 하지만 역시나 복잡해.

나 복잡하게 보이긴 하지만, 같은 모양의 식이 되면 좋은 점이 있어. 같은 문자로 치환이 가능해져.

유리 무슨 얘기야?

나 예를 들면 $A_k = 2^{2^{k-1}}$이라고 하자. 그럼 a_k는 이렇게 정리할 수 있어.

$$a_k = \frac{\boxed{2^{2^{k-1}}}}{\boxed{2^{2^{k-1}}}^2 - 1} = \frac{A_k}{A_k^2 - 1} \quad (A_k = 2^{2^{k-1}}\text{이라고 했을 때})$$

유리 오오?

나 이제 좀 간단해졌다는 생각 안 드니?

$$a_k = \frac{A_k}{A_k^2 - 1}$$

유리 정말 그러네!

나 이게 문자의 위력이야. 하지만 문제는 이제부터인데….

유리 앗, 이제부터 어떻게 될지 다 생각해 놓은 거 아니었어?

나 수식의 형태를 잘 들여다보면, 뭔가 떠오르는 게 있지 않을까 생각했어…. 음, 예를 들면, 분모에 $A_k^2 - 1$이라는 식이 있는데, 이걸 $A_k^2 - 1^2$ 이라고 생각하면 '합과 차의 곱은 제곱의 차'를 사용할 수 있게 되잖아.

$$A_k^2 - 1^2 = (A_k + 1)(A_k - 1)$$

유리 호오, 역시 수식 마니아답다.

나 지금 이런 걸로 감탄할 때가 아냐. 이제부터가 중요해. 아직 무엇을 알아낼 수 있을지 알 수 없잖아.

유리 오빠야라면 잘할 거야.

나 …예를 들면, $(A_k + 1)(A_k - 1)$을 사용하려면, 통분을 이용해서 곱이 생기게 해 보자.

유리 통분한다고?

나 일단 a_k에 대해서는 잠시 잊고, 이렇게 분수 계산을 좀 해 보자.

$$\begin{aligned}\frac{1}{A_k+1}+\frac{1}{A_k-1} &= \frac{A_k-1}{(A_k+1)(A_k-1)}+\frac{A_k+1}{(A_k+1)(A_k-1)} \\ &= \frac{(A_k-1)+(A_k+1)}{(A_k+1)(A_k-1)} \\ &= \frac{2A_k}{A_k^2-1}\end{aligned}$$

유리 ….

나 마지막에 나온 식을 잘 보면 $2a_k$와 같다는 것을 알 수 있으니까, 이 식은 성립하는 거야.

$$\frac{1}{A_k+1}+\frac{1}{A_k-1}=2a_k$$

$$a_k=\frac{1}{2}\left(\frac{1}{A_k+1}+\frac{1}{A_k-1}\right)$$

유리 오빠야, 미안한데, 화려한 수식 전개는 그렇다 치고, 이제 흐름을 못 따라가겠어. 조금 앞으로 돌아가도 돼? A_k가 원래 뭐였지?

나 $A_k = 2^{2^{k-1}}$이잖아. 우리가 풀려고 했던 식은 이렇게 생긴 거였어.

$$a_k = \frac{A_k}{A_k^2 - 1} \qquad (A_k = 2^{2^{k-1}})$$

유리 응, 그렇다면 말이야…, a_k의 분모와 분자를 A_k로 약분하면 $\frac{1}{A_k}$이 되지 않아? 그럼 a_k는 이렇게 되잖아? 근데 이거 등비수열 아냐?

$$a_k = \frac{A_k}{A_k^2 - 1} = \frac{1}{A_k} = \frac{1}{2^{k-1}} \qquad ?$$

나 아냐, 유리야. A_k로 약분은 안 돼. 지금 분모에 있는 -1을 잊은 것 같네. 그러니까 분모와 분자를 A_k로 나누면 이렇게 돼.

$$a_k = \frac{A_k}{A_k^2 - 1} = \frac{1}{A_k - \frac{1}{A_k}}$$

유리 아, −1을 깜빡하고 있었어. 그렇구나.

나 그리고 A_k는 2^{k-1}이 아니라 $2^{2^{k-1}}$이야. 그러니까 a_k는 등비수열이 아냐.

유리 아, 그렇구나. 미안해, 오빠야. 내가 착각을 좀 많이 했네. 등비수열처럼 유명한 수열이면, 공식 같은 게 있을 것 같아서….

나 아아, 그랬던 거구나. 하지만 그렇게 이미 알고 있는 내용과 연결 짓는 건 중요한 것 같아. '비슷한 것을 알고 있는가' 라는 폴리아의 질문과 관계가 있네. 뭐, 하긴, 만약 a_k가 등비수열이면 S_k는 등비수열의 합이 되니까, 극한값을 구하는 것도 공식을 이용하면 쉽게 알아낼 수 있겠지.

유리 흐음…. 역시 공식이 있구나.

나 등비수열이면 무한급수의 공식이 있어. 뭐, 공식을 이용하지 않더라도 쉽게 도출할 수 있지만.

유리 무한급수가 뭐야?

나 합의 극한을 구한 것을 급수나 무한급수라고 해. 예를 들어 제1항이 1이고, 공비가 r인 등비수열 1, r, r^2, r^3, …의 무한급수는 이 식을 이용해서 구할 수 있어.

제1항이 1이고, 공비가 r인 등비수열의 무한급수

$$1 + r + r^2 + r^3 + \cdots = \frac{1}{1-r}$$

※ 단, 공비 r은 $-1 < r < 1$이다.

유리 흐음….

나 ….

유리 왜 그래?

나 어…?

유리 오빠야, 왜 그래?

나 아, 응. 화려한 수식 전개는 잠시 한쪽으로 치워 두자. 그리고 아까 유리는 a_k의 분모와 분자를 A_k로 나눴는데, A_k 대신 A_k^2으로 나누면 이렇게 돼.

$$a_k = \frac{A_k}{A_k^2 - 1} = \frac{\frac{1}{A_k}}{1 - \frac{1}{A_k^2}} = \frac{1}{A_k} \times \frac{1}{1 - \frac{1}{A_k^2}}$$

유리 으음…, 그게 뭐가 어쨌다는 거야?

나 응. 예를 들어, $r_k = \frac{1}{A_k}$이라고 하면…, 이렇게 돼.

$$a_k = \frac{1}{A_k} \times \frac{1}{1 - \frac{1}{A_k^2}} = r_k \times \frac{1}{1 - r_k^2} \qquad \left(r_k = \frac{1}{A_k} \text{ 일 때}\right)$$

유리 ….

나 그리고 $\frac{1}{1 - r_k^2}$은 등비급수의 공식과 굉장히 닮았어.

$$\frac{1}{1 - r} = 1 + r + r^2 + r^3 + r^4 + \cdots$$

유리 닮았다고?

나 그래. 예를 들어, 이 공식에서 $r = r_k^2$이라고 한다면, 이런 식이 성립한다는 것을 알 수 있지. 엄밀하게 따지면 $-1 < r < 1$ 라는 조건이 붙지만.

$$a_k = r_k \times \frac{1}{1 - r_k^2} = r_k \times \left(1 + (r_k^2) + (r_k^2)^2 + (r_k^2)^3 + (r_k^2)^4 + \cdots\right)$$

유리 우앗, 일부러 복잡하게 만들어서 번거롭게 할 필요는 없잖아.

나 응, 하지만 조금만 계산해 보면, 달라져. 잘 봐.

$$\begin{aligned} a_k &= r_k \times \frac{1}{1 - r_k^2} \\ &= r_k \times \left(1 + \left(r_k^2\right) + \left(r_k^2\right)^2 + \left(r_k^2\right)^3 + \left(r_k^2\right)^4 + \cdots\right) \\ &= r_k \times \left(1 + r_k^2 + r_k^4 + r_k^6 + r_k^8 + \cdots\right) \\ &= r_k^1 + r_k^3 + r_k^5 + r_k^7 + r_k^9 + \cdots \end{aligned}$$

유리 우와…, 재미있네…. 지수가 홀수 수열(1, 3, 5, 7, 9, …)이 되었어. 그런데 오빠야, 배고파졌어. 간식 먹고 싶지 않아?

나 ….

유리 오빠야, 무슨 생각을 그렇게 열심히 해?

나 …유리야, 뭔가 이상해. 원래 우리는 S_k의 극한값을 구하려고 했었잖아.

유리 S_k가 뭐였더라.

나 이런. $S_k = a_1 + a_2 + a_3 + \cdots + a_k$였잖아. 즉, S_k는 a_1부터 a_k까지의 부분합이야. 부분합 S_k의 극한값을 구하려고 했었지.

유리 음? 합이지? 합이니까, $r_k^1 + r_k^3 + r_k^5 + r_k^7 + r_k^9 + \cdots$ 같은

걸 생각했던 거 아니었어?

나 아냐. 아까 구한 건 S_k가 아니라 a_k였어. 그러니까 아까 알아낸 것은 a_k 자체가 합의 극한의 형태가 된다는 사실인 거야!

a_k는 합의 극한의 형태가 된다

$$a_k = r_k^1 + r_k^3 + r_k^5 + r_k^7 + r_k^9 + \cdots$$

※ 단, $k = 1, 2, 3, \cdots$ 이고, $r_k = \frac{1}{A_k} = \frac{1}{2^{2^{k-1}}}$ 이다.

유리 무슨 말이야?

나 우리는 a_k의 합인 S_k를 구하려고 했었어. 하지만 a_k 자체가 합이었어. 그렇다는 것은 S_k는 합의 합의 형태로 나타낼 수 있다는 거야!

유리 으응? 합의 합이라고?

나 구체적으로 S_k를 합의 합의 형태로 적어 볼게.

$$
\begin{aligned}
S_k &= a_1 + a_2 + a_3 + \cdots + a_k \\
&= r_1^1 + r_1^3 + r_1^5 + r_1^7 + r_1^9 + \cdots \quad \leftarrow (a_1\text{에서}) \\
&+ \ r_2^1 + r_2^3 + r_2^5 + r_2^7 + r_2^9 + \cdots \quad \leftarrow (a_2\text{에서}) \\
&+ \ r_3^1 + r_3^3 + r_3^5 + r_3^7 + r_3^9 + \cdots \quad \leftarrow (a_3\text{에서}) \\
&+ \ r_4^1 + r_4^3 + r_4^5 + r_4^7 + r_4^9 + \cdots \quad \leftarrow (a_4\text{에서}) \\
&+ \ \cdots \\
&+ \ r_k^1 + r_k^3 + r_k^5 + r_k^7 + r_k^9 + \cdots \quad \leftarrow (a_k\text{에서})
\end{aligned}
$$

유리 우와, 복잡하네…. r_2^3이나, r_3^9 같은 게 나와!

나 그렇긴 해. 그럼 여기를 먼저 해치워 버릴까.

유리 해치워 버린다고?

나 $r_k = \dfrac{1}{2^{2^{k-1}}}$이니까, r_k의 j승은 간단하게 계산할 수 있어.

$$
\begin{aligned}
r_k^j &= \left(\frac{1}{2^{2^{k-1}}}\right)^j \\
&= \left(\left(\frac{1}{2}\right)^{2^{k-1}}\right)^j \\
&= \left(\frac{1}{2}\right)^{2^{k-1} \times j}
\end{aligned}
$$

유리 귀찮다냐옹….

나 그리고 j는 홀수니까…. 유리야, 유리야!!

유리 우앗! 왜 그래, 오빠야!

나 알았어! 이제 알았어!

유리 뭐가? 뭘 알았다는 거야?

나 그랬던 거구나! 이제 알겠다. 그렇다곤 해도, 아냐, 역시 그랬던 거야!

유리 오빠야! 혼자서만 이해하지 말라고…!

나 미안, 미안. 지금 r_k^j에 대해 생각하고 있었는데, 이런 식이 나왔어.

$$r_k^j = \left(\frac{1}{2}\right)^{2^{k-1} \times j}$$

유리 응.

나 2^{k-1}은 2의 거듭제곱이잖아. $k = 1, 2, 3, 4, \cdots$니까 $2^0, 2^1, 2^2, 2^3, \cdots$이 되지.

유리 응, 그렇지.

나 j는 홀수였지.

유리 응, 1, 3, 5, 7, …이잖아. 홀수 수열.

나 그렇다는 것은 $2^{k-1} \times j$는 '2의 거듭제곱과 홀수의 곱'

이야.

유리 …응, 그런데. 그게 뭐 어쨌다구?

나 유리야, 아직도 감이 안 와?

유리 ?

나 2의 거듭제곱인 2^{k-1}을 2^m으로 하자. 그리고 홀수인 j를 $j = 2n + 1$로 두고. m과 n은 모두 0 이상의 정수야. 그러면 '2의 거듭제곱과 홀수의 곱'은 이렇게 나타낼 수 있어.

$$2^m \times (2n+1) \qquad (\text{m과 n은 모두 0 이상의 정수})$$

유리 어…. 이거 어디선가 본 거잖아.

나 그래 S_k를 한 번 더 써보자.

$$\begin{aligned}
S_k \;=\;& r_1^1 + r_1^3 + r_1^5 + r_1^7 + r_1^9 + \cdots && \leftarrow (a_1\text{에서}) \\
+\;& r_2^1 + r_2^3 + r_2^5 + r_2^7 + r_2^9 + \cdots && \leftarrow (a_2\text{에서}) \\
+\;& r_3^1 + r_3^3 + r_3^5 + r_3^7 + r_3^9 + \cdots && \leftarrow (a_3\text{에서}) \\
+\;& r_4^1 + r_4^3 + r_4^5 + r_4^7 + r_4^9 + \cdots && \leftarrow (a_4\text{에서}) \\
+\;& r_5^1 + r_5^3 + r_5^5 + r_5^7 + r_5^9 + \cdots && \leftarrow (a_5\text{에서}) \\
+\;& \cdots \\
+\;& r_k^1 + r_k^3 + r_k^5 + r_k^7 + r_k^9 + \cdots && \leftarrow (a_k\text{에서})
\end{aligned}$$

나 이걸 구체적으로 모두 계산해 보는 거야.

$$
\begin{aligned}
S_k \;=\;& \left(\frac{1}{2}\right)^{1} + \left(\frac{1}{2}\right)^{3} + \left(\frac{1}{2}\right)^{5} + \left(\frac{1}{2}\right)^{7} + \left(\frac{1}{2}\right)^{9} + \cdots \\
+\;& \left(\frac{1}{2}\right)^{2} + \left(\frac{1}{2}\right)^{6} + \left(\frac{1}{2}\right)^{10} + \left(\frac{1}{2}\right)^{14} + \left(\frac{1}{2}\right)^{18} + \cdots \\
+\;& \left(\frac{1}{2}\right)^{4} + \left(\frac{1}{2}\right)^{12} + \left(\frac{1}{2}\right)^{20} + \left(\frac{1}{2}\right)^{28} + \left(\frac{1}{2}\right)^{36} + \cdots \\
+\;& \left(\frac{1}{2}\right)^{8} + \left(\frac{1}{2}\right)^{24} + \left(\frac{1}{2}\right)^{40} + \left(\frac{1}{2}\right)^{56} + \left(\frac{1}{2}\right)^{72} + \cdots \\
+\;& \left(\frac{1}{2}\right)^{16} + \left(\frac{1}{2}\right)^{48} + \left(\frac{1}{2}\right)^{80} + \left(\frac{1}{2}\right)^{112} + \left(\frac{1}{2}\right)^{144} + \cdots \\
+\;& \cdots \\
+\;& \left(\frac{1}{2}\right)^{2^{k-1}\times 1} + \left(\frac{1}{2}\right)^{2^{k-1}\times 3} + \left(\frac{1}{2}\right)^{2^{k-1}\times 5} \\
& \qquad + \left(\frac{1}{2}\right)^{2^{k-1}\times 7} + \left(\frac{1}{2}\right)^{2^{k-1}\times 9} + \cdots \\
+\;& \cdots
\end{aligned}
$$

유리 어, 이거, 지수에 나오는 수는… 아까 그 표?

나 맞아, 바로 그거야! 지수에 나오는 수는 유리가 이상한 주사위를 가지고 만들었던 그 표랑 똑같아!

1	3	5	7	9	…
2	6	10	14	18	…
4	12	20	28	36	…
8	24	40	56	72	…
16	48	80	112	144	…
⋮	⋮	⋮	⋮	⋮	⋱

유리 하지만…, 그래서 어떻게 된다는 건데?

나 아까 그 표가 가진 성질이야! 모든 자연수가 한 번만 나온다는 거.

유리 …!

> 모든 자연수는 다음과 같은 형태로 나타낼 수 있고,
> m과 n은 한 번의 계산을 통해 얻어진다.
>
> $2^m \times (2n+1)$ (m과 n은 모두 0 이상의 정수)

나 S_k로 k의 값을 늘려 가면 '$\frac{1}{2}$의 거듭제곱'을 만들 수 있고, 그 합을 구한 것이 돼. 그리고 그 거듭제곱에 나오는 지수는 유리가 만든 표에 나오는 수의 패턴과 일치하고.

유리 으아아….

나 그러니까, S_k의 극한값을 구하려면 $\frac{1}{2}$을 1, 2, 3, 4, 5, …로 거듭제곱해 나간 것을 떠올리면 돼. 모든 자연수를 한 번만 사용하면 합을 얻을 수 있어. 말로 하자니까 답답하네. 수식이라면 간단하게 정리할 수 있어. 우리가 구하려고 했던 $\lim_{k\to\infty} S_k$는 이렇게 나타낼 수 있지.

$$\lim_{k\to\infty} S_k = \left(\frac{1}{2}\right)^1 + \left(\frac{1}{2}\right)^2 + \left(\frac{1}{2}\right)^3 + \left(\frac{1}{2}\right)^4 + \left(\frac{1}{2}\right)^5 + \cdots$$

유리 $\frac{1}{2}$ 더하기, $\frac{1}{2}$의 2제곱 더하기, …이건 결국 어떻게 되는 거야?

나 등비수열의 무한급수를 구하는 공식에서 제1항이 1이고 공비가 $r = \frac{1}{2}$인 것에서 제1항에 해당하는 1을 빼기만 하면 돼. 그럼 이렇게 되겠지.

$$\left(\frac{1}{2}\right)^1 + \left(\frac{1}{2}\right)^2 + \left(\frac{1}{2}\right)^3 + \left(\frac{1}{2}\right)^4 + \left(\frac{1}{2}\right)^5 + \cdots$$

$= \frac{1}{1-r} - 1$ 공식에서

$= \frac{1}{1-\frac{1}{2}} - 1$ $r = \frac{1}{2}$ 을 대입했다.

$= 2 - 1$ 계산했다.

$= 1$

유리 1이네!

나 우리가 예상한대로야!

해답

수열 $\langle a_n \rangle$의 제k항을

$$a_k = \frac{2^{2^{k-1}}}{2^{2^k} - 1}$$

이라 하자. 또 이 수열의 부분합 S_k를,

$$S_k = a_1 + a_2 + \cdots + a_k$$

라 하자. 이때,

$$\lim_{k\to\infty} S_k = 1$$

이 된다.

유리 오오…!

나 이게 무라키 선생님이 내 주신 문제의 답이야.

무라키 선생님이 내 주신 문제의 답

$$\frac{2}{3}+\frac{4}{15}+\frac{16}{255}+\frac{256}{65535}+\frac{65536}{4294967295}+\cdots=1$$

유리 오빠야, 굉장하다!

어머니 얘들아, 간식 먹으렴!

어머니께서 부엌에서 우리들을 부르셨다. 어머니께서 '얘들아' 하고 부르시면… 우리들의 수학 토크는 일단락된다.

나 그럼, 간식 먹을까?

유리 응!

…이렇게 나와 유리는 '이상한 주사위의 수수께끼'를 풀었다. 하지만 아직 마음에 걸리는 것이 몇 가지 있다. 하나는 무한급수의 덧셈의 순서를 바꾼 점. 바꾸려면 몇 가지 조건을 충족시켜야만 했던 것 같다. 또 하나는 유리가 화려한 수식이라고 한 부분. 내가 처음 생각했던 그 방법으로 계속 진행했다면 S_k의 극한값을 다른 방법으로 구할 수도 있지 않았을까…. 하지만 우선은 간식을 먹은 뒤에 다시 한 번 도전하는 걸로.

참고 문헌: 코바리 아키히로(小針晛宏), 《수학 I · II · III … ∞ : 고등학교부터의 수학 입문(数学 I · II · III … ∞ : 高校からの数学入門)》(일본평론사)

"문제를 찾아내는 문제에 답하면 해답에서 문제가 나온다."

제5장의 문제

●●● **문제 5-1 (2의 거듭제곱과 홀수의 곱)**

본문에서는 모든 양의 정수 N이

$$N = 2^m \times (2n + 1) \quad (\text{m과 n은 모두 0 이상의 정수})$$

라는 형태로 나타낼 수 있다는 이야기가 나왔다. 다음 질문에 답하시오.

① $m = 0$일 때, N은 어떤 값이 될까?

② $n = 0$일 때, N은 어떤 값이 될까?

③ $N = 192$일 때, m과 n의 값을 구하시오.

④ N이 4의 배수일 때, m과 n의 값이 취할 수 있는 범위를 구하시오.

(해답은 289쪽에)

●●● **문제 5-2 (합 구하기)**

다음의 합을 구하시오.

$$\frac{1}{1}+\frac{1}{2}+\frac{1}{4}+\frac{1}{8}+\frac{1}{16}+\frac{1}{32}+\frac{1}{64}$$

(해답은 291쪽에)

●●● **문제 5-3 (급수 구하기)**

수열 $\langle a_n \rangle$의 일반항이

$$a_n = \sum_{k=1}^{n} \frac{1}{2^k}$$

일 때,

$$\lim_{n\to\infty} a_n$$

을 구하시오.

(해답은 294쪽에)

모월 모시. 수학 자료실에서.

소녀 우와, 신기한 것들이 여럿 있네요!

선생님 그렇지.

소녀 선생님, 이건 뭐죠?

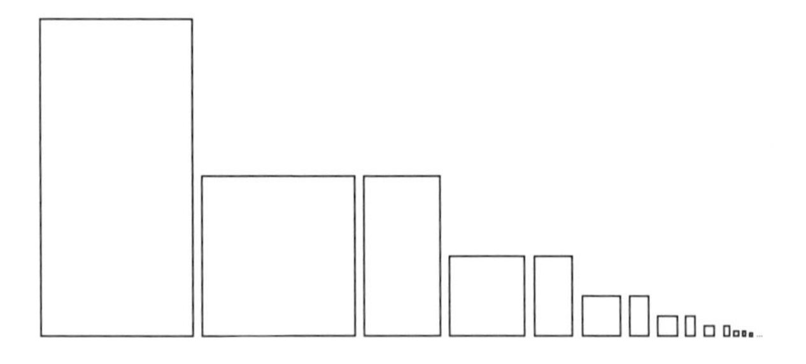

선생님 뭐라고 생각해?

소녀 직사각형과 정사각형이 점점 작아지네요…. 점점 멀어져 가는 것 같아요.

선생님 이건 무한한 수의 조각이 있는 직소퍼즐이야. 조각을 전부 모으면 정사각형이 돼.

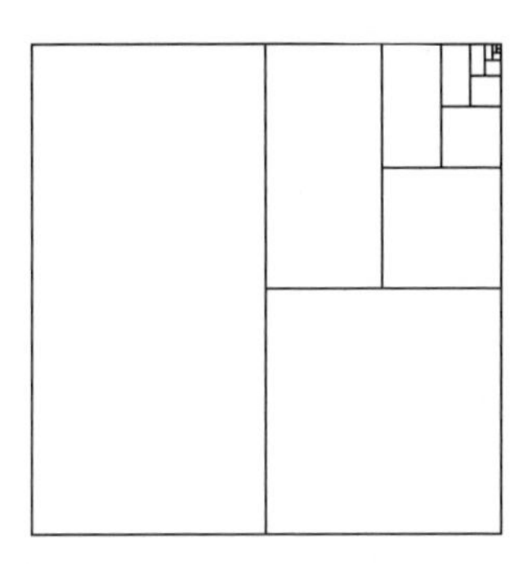

소녀 무한한 조각을 전부 모으는 건 불가능해요.

선생님 하지만, 원하는 만큼 모으는 건 가능하지. 조각의 넓이를 $\frac{1}{2}$, $\frac{1}{4}$, $\frac{1}{8}$, …이라고 하면, 조각의 넓이의 합은 한없이 1에 가까워져. 이게 극한값이야.

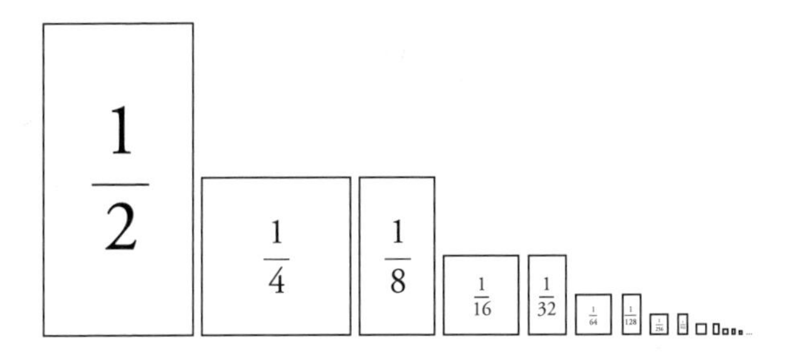

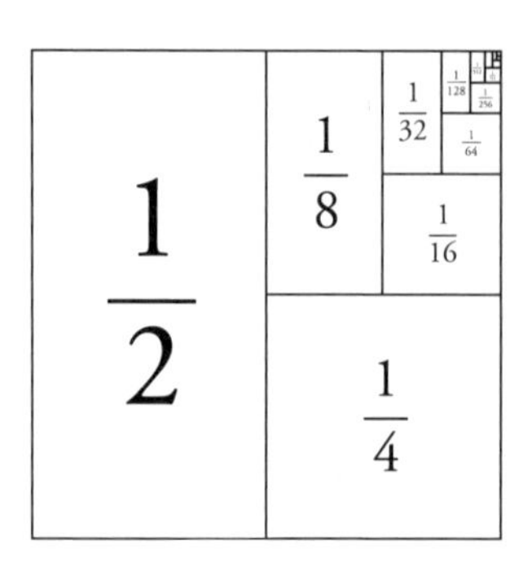

소녀 극한값….

선생님 시그마를 사용해서 정리한다면 이렇게 되겠지. 극한값은 1과 같아.

$$\sum_{k=1}^{\infty} \frac{1}{2^k} = \frac{1}{2^1} + \frac{1}{2^2} + \frac{1}{2^3} + \frac{1}{2^4} + \cdots = 1$$

◎ ◎ ◎

소녀 선생님, 이건 뭐죠?

1	3	5	7	9	…
2	6	10	14	18	…
4	12	20	28	36	…
8	24	40	56	72	…
16	48	80	112	144	…
⋮	⋮	⋮	⋮	⋮	⋱

선생님 뭐라고 생각해?

소녀 곱셈표?

선생님 그래. '2의 거듭제곱'과 '홀수'의 곱으로 자연수를 나타내는 표야.

소녀 선생님, 이것도 곱셈표예요?

1	11	101	111	1001	· · ·
10	110	1010	1110	10010	· · ·
100	1100	10100	11100	100100	· · ·
1000	11000	101000	111000	1001000	· · ·
10000	110000	1010000	1110000	10010000	· · ·
⋮	⋮	⋮	⋮	⋮	⋱

선생님 그래. 이건 이진법으로 나타낸 거야.

소녀 뭐랄까, 0이 늘어선 것에 규칙이 있는 것 같아요….

선생님 그래. 2의 거듭제곱 2^m을 이진법으로 나타내면 1 뒤에 0이 m개 생기지.

십진법	2^m	이진법
1	2^0	1
2	2^1	10
4	2^2	100
8	2^3	1000
16	2^4	10000
	⋮	

소녀 우와!

선생님 그리고 '2^m배 하기'를 2진법으로 나타내면 '0을 m개 오른쪽에 붙인다'는 것과 같아. 예를 들어 3을 2^m배 한 수를 이진법으로 나타내 보자. 이진법으로 나타낸 것은 $(\ )_2$로 표기할게.

$$
\begin{aligned}
3 \times 2^0 &= (11)_2 \times (1)_2 &&= (11)_2 \\
3 \times 2^1 &= (11)_2 \times (10)_2 &&= (110)_2 \\
3 \times 2^2 &= (11)_2 \times (100)_2 &&= (1100)_2 \\
3 \times 2^3 &= (11)_2 \times (1000)_2 &&= (11000)_2 \\
3 \times 2^4 &= (11)_2 \times (10000)_2 &&= (110000)_2 \\
&\vdots &&\vdots \\
3 \times 2^m &= (11)_2 \times (1\underbrace{000\cdots0}_{m\text{개}})_2 &&= (11\underbrace{000\cdots0}_{m\text{개}})_2 \\
&\vdots &&\vdots
\end{aligned}
$$

소녀 신기해요!

선생님 신기할 것까지야. '10^m배 하기'를 십진법으로 나타내면 '0을 m개 오른쪽에 붙인다'는 것과 같아서 아까 이야기한 것과 같아.

소녀 하지만, 십진법을 이진법으로 바꾸는 것만으로도 패턴이 나타나는 것은 신기해요!

선생님 수를 어떻게 나타낼 것인가. 그리고 수열을 어떻게 나타낼 것인가. 그것에 따라 다양한 패턴을 발견할 수 있어. 그리고 동일한 패턴의 반복이 나타나면, 거기에 의미가 있다는 느낌이 들지.

소녀 ….

선생님 조금 어려운 내용이었으려나?

소녀 패턴이 1개뿐이면 뭔가 의미 없어 보이고 지루한데, 동일한 패턴의 반복에는 의미가 있다니, 좀 이상한 것 같아요.

소녀는 그렇게 말하고 '후훗'하고 웃었다.

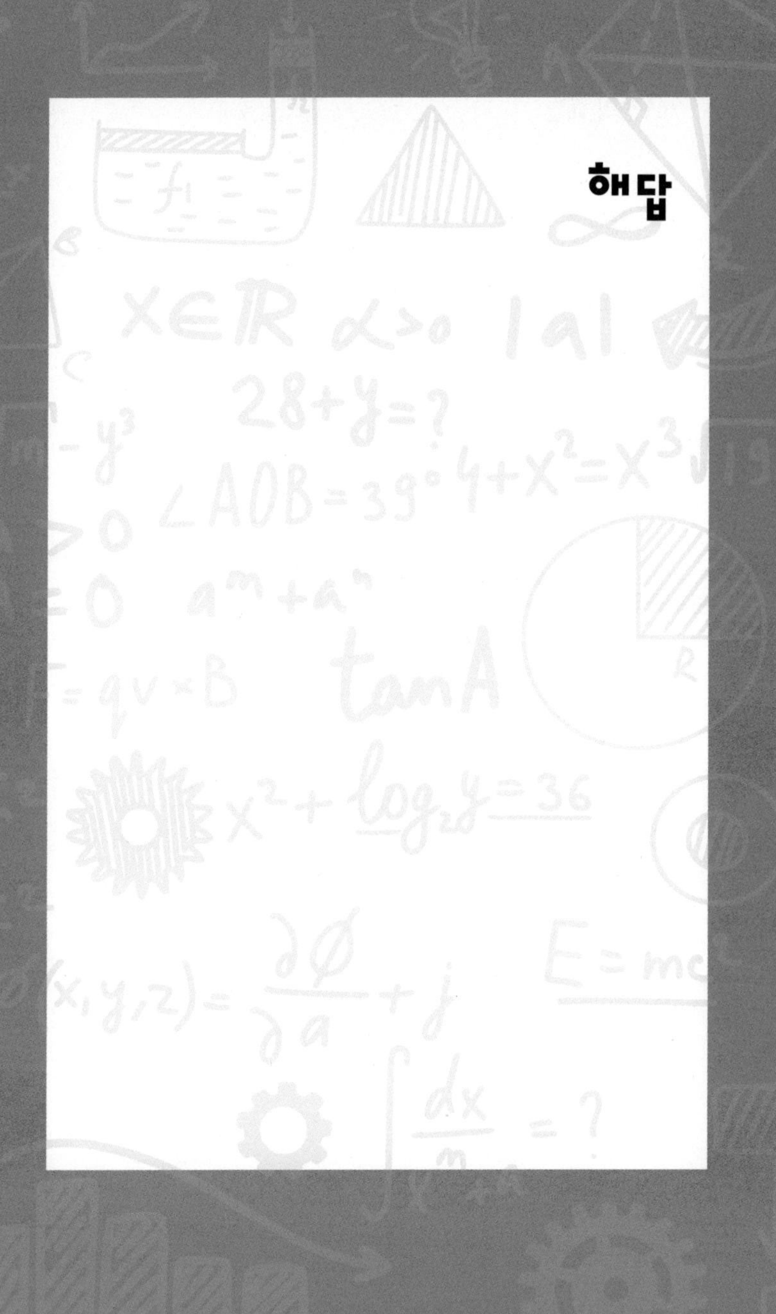

해답

제1장의 해답

••• 문제 1-1 (문자로 나타내기)

아래 그림처럼 정사각형 모양의 타일로 테두리를 만든다. 한 변에 쓰인 타일이 n장일 때, 전부 몇 장이 사용되었을까?

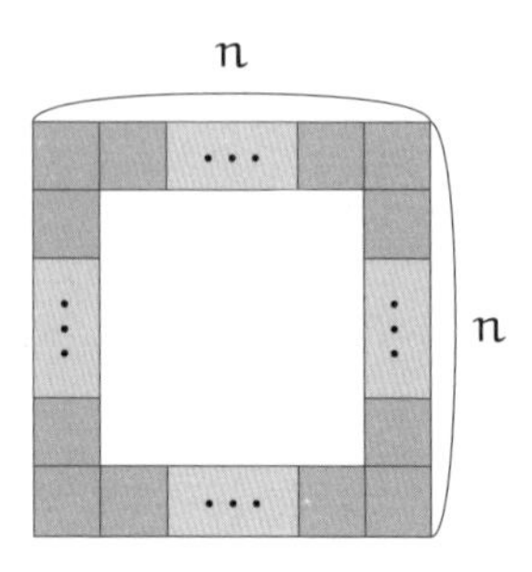

〈해답 1-1〉

예를 들어, 다음의 그림과 같이 생각하면 $(n - 1) \times 4 = 4n - 4$장의 타일이 필요하다.

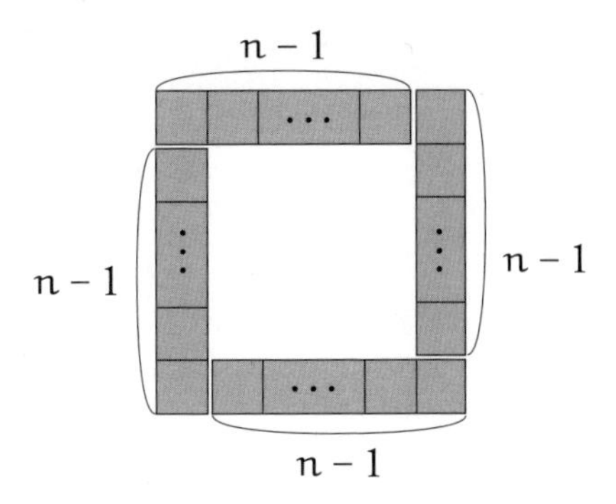

【다른 해답 1】 한 변이 n장이고, 4개의 변이 있으므로 4n장 인데, 두 번 센 네 귀퉁이의 4장을 빼서 4n - 4장으로 구해도 된다.

【다른 해답 2】 한 변이 n장인 정사각형이므로, 하나 작은 변 n−2장인 정사각형을 뺐다고 생각해서, $n^2 - (n-2)^2 = 4n - 4$로 구해도 된다.

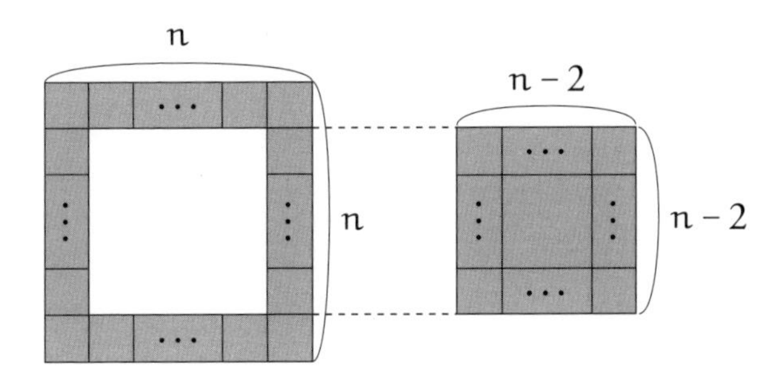

답: 4n - 4장

●●● **문제 1-2 (계차수열 구하기)**

다음 수열의 계차수열을 구하시오.

① $0,\ 3,\ 6,\ 9,\ 12,\ 15,\ 18,\ \cdots$

② $0,\ -3,\ -6,\ -9,\ -12,\ -15,\ \cdots$

③ $16,\ 14,\ 12,\ 10,\ 8,\ 6,\ \cdots$

④ $1,\ 3,\ 6,\ 10,\ 15,\ 21,\ \cdots$

〈해답 1-2〉

아래와 같은 계차수열을 얻게 된다.

① $3,\ 3,\ 3,\ 3,\ 3,\ 3,\ 3,\ \cdots$

② $-3,\ -3,\ -3,\ -3,\ -3,\ \cdots$

③ $-2,\ -2,\ -2,\ -2,\ -2,\ \cdots$

④ $2,\ 3,\ 4,\ 5,\ 6,\ \cdots$

●●● **문제 1-3 (계차수열 응용하기)**

① 어떤 수열의 계차수열을 계산했더니, 3, 3, 3, 3, …이라는 상수 수열을 얻었다. 이때, 원래 수열이 반드시 3의 배수로 이루어진 수열이라고 할 수 있을까?

② 어떤 수열의 계차수열을 계산했더니, 0, 0, 0, 0, …이라는 상수 수열을 얻었다. 이때, 원래 수열이 반드시 상수 수열이라고 할 수 있을까?

〈해답 1-3〉

① 아니다. 예를 들어 수열 1, 4, 7, 10, 13, …의 계차수열은 3, 3, 3, 3, …이 된다. 그러나 수열 1, 4, 7, 10, 13, …은 3의 배수로 이루어진 수열이 아니다(반례).

② 그렇다. 계차수열이 0, 0, 0, 0, …이 되려면, 원래 수열은 제1항과 동일한 수가 계속되기 때문에 상수 수열이 된다. 예를 들어 제1항이 5면 5, 5, 5, 5, …라는 상수 수열이 된다.

제2장의 해답

●●● 문제 2-1 (∑로 나타내기)

다음 식을 ∑를 사용하여 나타내시오.

① $1+2+3+\cdots+n$

② $2+4+6+\cdots+2n$

③ $2^0+2^1+2^2+\cdots+2^{n-1}$

④ $a_1+a_3+a_5+a_7+\cdots+a_{99}$

〈해답 2-1〉

①은 정수 k가 1에서 n까지일 때, k의 값을 더한 것이다.

$$1+2+3+\cdots+n=\sum_{k=1}^{n} k$$

답: $\sum_{k=1}^{n} k$

②는 $2+4+6+\cdots, 2n$으로, 짝수의 합이다. 정수 k가 1에서 n까지일 때, 2k를 더한 것이다.

$$2+4+6+\cdots+2n=\sum_{k=1}^{n}2k$$

답 : $\sum_{k=1}^{n}2k$

※ 물론 2로 묶어서 $2\sum_{k=1}^{n}k$라고 답해도 된다. 그렇게 하면 답이 ①의 2배가 됨을 알 수 있다.

③은 정수 k가 0부터 n − 1까지일 때, 2^k을 더한 것이다.

$$2^0+2^1+2^2+\cdots+2^{n-1}=\sum_{k=0}^{n-1}2^k$$

또는 정수 k가 1부터 n까지일 때, 2^{k-1}을 더한 것이라고 해도 된다. 즉, 하한과 상한을 1씩 늘리고, 일반항의 k를 1 줄인 것이다.

$$2^0+2^1+2^2+\cdots+2^{n-1}=\sum_{k=1}^{n}2^{k-1}$$

답 : $\sum_{k=0}^{n-1}2^k$ (또는 $\sum_{k=1}^{n}2^{k-1}$ 등)

④는 a_1에서 a_{99}까지, 아래 첨자가 홀수인 항을 더한 것이다.

이것은 정수 k가 1부터 50까지일 때, a_{2k-1}을 더한 것이다.

$$a_1 + a_3 + a_5 + a_7 + \cdots + a_{99} = \sum_{k=1}^{50} a_{2k-1}$$

k의 값이 1, 2, 3, ⋯, 49, 50으로 변할 때, 2k − 1이나 a_{2k-1}이 어떻게 변하는지 아래 표로 확인해 보자.

k	1	2	3	4	...	49	50
2k − 1	1	3	5	7	...	97	99
a_{2k-1}	a_1	a_3	a_5	a_7	...	a_{97}	a_{99}

답 : $\sum_{k=1}^{50} a_{2k-1}$

••• 문제 2-2 (∑의 계산)

다음 식의 값을 구하시오.

① $\sum_{k=10}^{11} 1$

② $\sum_{k=1}^{5} k$

③ $\sum_{k=101}^{105} (k-100)$

〈해답 2-2〉

①은 정수 k가 10에서 11까지일 때, 1을 더한 것이다. 결국 k = 10일 때의 1과 k = 11일 때의 1을 더해서 2가 답이다.

$$\sum_{k=10}^{11} 1 = \underbrace{1}_{k\,=\,10} + \underbrace{1}_{k\,=\,11}$$
$$= 2$$

답: 2

②는 정수 k가 1에서 5까지일 때, k의 값을 더한 것이다.

$$\sum_{k=1}^{5} k = 1+2+3+4+5$$
$$=15$$

답: 15

③은 정수 k가 101에서 105까지일 때, $k-100$의 값을 더한 것이다.

$$\sum_{k=101}^{105} (k-100)$$
$$=(101-100)+(102-100)+(103-100)+(104-100)+(105-100)$$
$$=1+2+3+4+5$$
$$=15$$

이것은 정수 k가 1에서 5까지일 때, k의 값을 더한 것과 같다. 즉, 하한과 상한을 100씩 줄이고, 일반항의 k를 100 늘린 것과 같다.

$$
\begin{aligned}
\sum_{k=101}^{105}(k-100) &= \sum_{k=1}^{5}((k+100)-100) \\
&= \sum_{k=1}^{5} k \\
&= 1+2+3+4+5 \\
&= 15
\end{aligned}
$$

답: 15

제3장의 해답

●●● 문제 3-1 (등비수열의 일반항)

아래 수열은 모두 등비수열이다. 각각의 일반항을 n을 사용하여 나타내시오.

① 1, 0.1, 0.01, 0.001, 0.0001, ⋯

② $\sqrt{2}$, 2, $2\sqrt{2}$, 4, $4\sqrt{2}$, ⋯

③ 1, $-\frac{1}{2}$, $\frac{1}{4}$, $-\frac{1}{8}$, $\frac{1}{16}$, ⋯

〈해답 3-1〉

등비수열의 일반항은 제1항이 a이고 공비가 r일 때 $a\mathrm{r}^{n-1}$로 나타낸다. 따라서 제1항과 공비를 알면 일반항으로 나타낼 수 있다.

① 1, 0.1, 0.01, 0.001, 0.0001, ⋯은 제1항이 1이고, 공비가 0.1이다. 따라서 일반항은 $1 \times 0.1^{n-1} = 0.1^{n-1}$이다.

답: 0.1^{n-1}

② $\sqrt{2}$, 2, $2\sqrt{2}$, 4, $4\sqrt{2}$, …는 제1항이 $\sqrt{2}$이고, 공비가 $\sqrt{2}$이다. 따라서 일반항은 $\sqrt{2} \times (\sqrt{2})^{n-1} = (\sqrt{2})^n$이다.

답: $(\sqrt{2})^n$

③ 1, $-\frac{1}{2}$, $\frac{1}{4}$, $-\frac{1}{8}$, $\frac{1}{16}$, …은 제1항이 1이고, 공비가 $-\frac{1}{2}$이다. 따라서 일반항은

$1 \times \left(-\frac{1}{2}\right)^{n-1} = \left(-\frac{1}{2}\right)^{n-1}$이다.

답: $\left(-\frac{1}{2}\right)^{n-1}$

••• 문제 3-2 (등차수열의 일반항)

제1항이 a이고 공차가 d인 등차수열의 제n항을 a, d, n을 사용하여 나타내시오.

〈해답 3-2〉

117쪽에서 제1항이 a이고 공비가 r인 등비수열의 제n항을 구한 것과 동일한 방식으로 생각하면 된다.

제1항이 a이고 공차가 d인 등차수열의 일반항을 a_n이라

고 하면 $a_1, a_2, a_3, a_4, a_5, \cdots$은 다음과 같다.

$$\begin{aligned} a_1 &= a \\ a_2 &= a + d \\ a_3 &= a + 2d \\ a_4 &= a + 3d \\ a_5 &= a + 4d \\ &\vdots \end{aligned}$$

a_n은 제1항 a에 대해 공차 d의 $n - 1$배를 더한 것이므로, 일반항은

$$a_n = a + (n - 1)d$$

로 나타낼 수 있다.

답: $a + (n - 1)d$

●●● 문제 3-3 (계차수열을 구했을 때 원래 수열과 같아지는 수열)

'나'와 유리는 어떤 수열의 계차수열이 원래 수열과 같아지는 등비수열에 대해 생각해 보았다. 등비수열 이외에, 계차수열이 원래 수열과 같아지는 경우가 있을까?

〈해답 3-3〉

수열 $a_1, a_2, a_3, a_4, \cdots$의 계차수열이 원래 수열과 같아지는 것은

$$a_{n+1} - a_n = a_n$$

이 모든 정수 n = 1, 2, 3, …에서 성립할 때이다.
이 식을 변형하면

$$a_{n+1} = 2a_n$$

을 얻을 수 있다. 이 식은 a_n을 2배 하면 a_{n+1}을 얻을 수 있다는 것을 나타내므로, 수열 $a_1, a_2, a_3, \cdots$의 제1항이 a_1이고 공비가 2인 등비수열임을 알 수 있다.
따라서 등비수열 이외에 계차수열이 원래 수열과 같아지는 경우는 존재하지 않는다.

답: 등비수열 이외에 계차수열이 원래 수열과 같아지는 경우는 존재하지 않는다.

※ 수열 0, 0, 0, …은 제1항이 $a_1 = 0$이고 공비가 2인 등비수열로 볼 수 있다.

제4장의 해답

●●● 문제 4-1 (시그마의 계산)

1에서 n까지의 정수의 합(177쪽)을 다음 식으로 얻을 수 있다는 것을 확인하시오.

$$\sum_{k=1}^{n} k = \frac{n(n+1)}{2}$$

〈해답 4-1〉

1에서 n까지의 합과 역순으로 늘어놓은 n부터 1까지의 합을 다음과 같이 더한다.

$$\begin{array}{rrcccccccc} & \sum_{k=1}^{n} k = & 1 & + & 2 & + \cdots + & (n-1) & + & n \\ +) & \sum_{k=1}^{n} k = & n & + & (n-1) & + \cdots + & 2 & + & 1 \\ \hline & 2\sum_{k=1}^{n} k = & (n+1) & + & (n+1) & + \cdots + & (n+1) & + & (n+1) \end{array}$$

즉, $2\sum_{k=1}^{n} k$는 n개의 n + 1의 합과 같음을 알 수 있다.

$$2\sum_{k=1}^{n} k = \underbrace{(n+1)+(n+1)+\cdots+(n+1)+(n+1)}_{n\text{개}}$$

따라서,

$$2\sum_{k=1}^{n} k = n(n+1)$$

을 얻을 수 있다. 양변을 2로 나누면

$$\sum_{k=1}^{n} k = \frac{n(n+1)}{2}$$

가 된다.

●●● **문제 4-2 (시그마의 계산)**

다음을 계산하시오.

$$\sum_{k=1}^{n} (2k-1)$$

〈해답 4-2〉

$\sum_{k=1}^{n}(2k-1)$은 1에서 $2n-1$까지 홀수의 합이므로, 제1장에서 오셀로 판을 사용해서 생각해 본 결과(35쪽)를 기억하고 있다면 금방 n^2임을 알 수 있다.

또한 제2장에서 공부한 '합의 조작'을 사용하면, 다음과 같은 방법으로 구할 수도 있다.

$$\sum_{k=1}^{n}(2k-1) = \sum_{k=1}^{n}2k - \sum_{k=1}^{n}1$$ 순서를 바꿨다.

$$= 2\sum_{k=1}^{n}k - \sum_{k=1}^{n}1$$ 2로 묶었다.

$$= 2\cdot\frac{n(n+1)}{2} - \sum_{k=1}^{n}1$$ 문제 4-1의 결과를 사용했다.

$$= n(n+1) - \sum_{k=1}^{n}1$$ 계산했다.

$$= n(n+1) - n$$ n개의 1을 더하면 n이므로

$$= n^2 + n - n$$ $n(n+1) = n^2 + n$ 이므로

$$= n^2$$

답 : $\sum_{k=1}^{n}(2k-1) = n^2$

●●● **문제 4-3 (제곱근의 계산)**

다음을 계산하시오.

① $(\sqrt{3}+\sqrt{2})(\sqrt{3}-\sqrt{2})$

② $\dfrac{1}{\sqrt{6}-\sqrt{5}}$

③ $\sqrt{(a+b)^2-4ab}$ (단, $a > b$ 이다)

〈해답 4-3〉

①

$$\begin{aligned}&(\sqrt{3}+\sqrt{2})(\sqrt{3}-\sqrt{2})\\&=(\sqrt{3})^2-(\sqrt{2})^2 \quad \text{합과 차의 곱은 제곱의 차}\\&=3-2\\&=1\end{aligned}$$

답: 1

②

$$\frac{1}{\sqrt{6}-\sqrt{5}}$$

$$=\frac{\sqrt{6}+\sqrt{5}}{(\sqrt{6}-\sqrt{5})\cdot(\sqrt{6}+\sqrt{5})}$$ 분모와 분자에 $\sqrt{6}+\sqrt{5}$를 곱했다.

$$=\frac{\sqrt{6}+\sqrt{5}}{(\sqrt{6})^2-(\sqrt{5})^2}$$

$$=\frac{\sqrt{6}+\sqrt{5}}{6-5}$$

$$=\frac{\sqrt{6}+\sqrt{5}}{1}$$

$$=\sqrt{6}+\sqrt{5}$$

답: $\sqrt{6}+\sqrt{5}$

③

$$\sqrt{(a+b)^2-4ab}$$

$$=\sqrt{(a^2+2ab+b^2)-4ab}$$ 전개했다.

$$=\sqrt{a^2-2ab+b^2}$$ $2ab-4ab=-2ab$ 이므로

$$=\sqrt{(a-b)^2}$$ $a^2-2ab+b^2=(a-b)^2$ 을 이용해서

$$=a-b$$ $a>b$ 이므로 $a-b>0$ 이어서

답: $a-b$

••• **문제 4-4 (칠공칠 씨)**

당신이 $\sqrt{2}$의 근사치를 암기하지 않은 상태라고 하자. 제곱했을 때 2보다 약간 작은 양수와, 약간 큰 양수를 시행착오를 통해 찾아서 $\frac{\sqrt{2}}{2}$가 대략 0.707이 된다는 사실을 확인하시오.

〈해답 4-4〉

제곱하면 2보다 조금 작아지는 양수와, 약간 커지는 양수를 사용하여 구간을 구한다. 시행착오를 겪으며 계산하면,

- $1.414^2 = 1.999396$
- $1.415^2 = 2.002225$

라는 2개의 수(1.414, 1.415)를 찾아낼 수 있다.

$$
\begin{array}{lllllll}
1.999396 & < & 2 & < & 2.002225 & & \\
1.414^2 & < & 2 & < & 1.415^2 & & \cdots ① \\
\sqrt{1.414^2} & < & \sqrt{2} & < & \sqrt{1.415^2} & & \cdots ② \\
1.414 & < & \sqrt{2} & < & 1.415 & & \\
\frac{1.414}{2} & < & \frac{\sqrt{2}}{2} & < & \frac{1.415}{2} & & \\
0.707 & < & \frac{\sqrt{2}}{2} & < & 0.7075 & &
\end{array}
$$

따라서

$$\frac{\sqrt{2}}{2} = 0.707\cdots$$

이라고 할 수 있으며 $\frac{\sqrt{2}}{2}$가 대략 0.707임을 확인할 수 있다.

※ 또한 $0.707 < \frac{\sqrt{2}}{2} < 0.7075$이므로 $\frac{\sqrt{2}}{2}$의 소수점 이하 넷째 자리는 0 이상 4 이하라는 것도 알 수 있다.

※ ①에서 ②를 구하는 부분에서, $0 \le x < y$일 때, $\sqrt{x} < \sqrt{y}$ 임을 이용했다.

제5장의 해답

●●● 문제 5-1 (2의 거듭제곱과 홀수의 곱)

본문에서는 모든 양의 정수 N이

$$N = 2^m \times (2n + 1) \quad (\text{m과 n은 모두 0 이상의 정수})$$

라는 형태로 나타낼 수 있다는 이야기가 나왔다. 다음 질문에 답하시오.

① $m = 0$일 때, N은 어떤 값이 될까?

② $n = 0$일 때, N은 어떤 값이 될까?

③ $N = 192$일 때, m과 n의 값을 구하시오.

④ N이 4의 배수일 때, m과 n의 값이 취할 수 있는 범위를 구하시오.

〈해답 5-1〉

① $m = 0$일 때, $N = 2^0 \times (2n + 1) = 2n + 1$이므로, N은 홀수(1, 3, 5, 7, …)가 된다.

답: 홀수(1, 3, 5, 7, …)

② $n = 0$일 때, $N = 2^m \times (2 \cdot 0 + 1) = 2^m$이므로, N은 2의 거듭제곱(1, 2, 4, 8, …)이 된다.

답: 2의 거듭제곱(1, 2, 4, 8, …)

③ $N = 192$일 때, $N = 2^m \times (2n + 1) = 2^6 \times (2 \cdot 1 + 1)$로 나타낼 수 있으므로, $m = 6$, $n = 1$이다.

답: $m = 6$, $n = 1$

④ N이 4의 배수일 때, N이 $4 = 2^2$으로 나누어떨어진다는 것이다. 그러므로 $N = 2^m \times (2n + 1)$로 나타냈을 때, m은 2 이상의 정수가 된다. n은 0 이상의 정수이다.

답 : m은 2 이상의 정수, n은 0 이상의 정수

●●● 문제 5-2 (합 구하기)

다음의 합을 구하시오.

$$\frac{1}{1} + \frac{1}{2} + \frac{1}{4} + \frac{1}{8} + \frac{1}{16} + \frac{1}{32} + \frac{1}{64}$$

〈해답 5-2〉

통분해서 계산하면 된다.

$$\frac{1}{1}+\frac{1}{2}+\frac{1}{4}+\frac{1}{8}+\frac{1}{16}+\frac{1}{32}+\frac{1}{64}$$

$$=\frac{64}{64}+\frac{32}{64}+\frac{16}{64}+\frac{8}{64}+\frac{4}{64}+\frac{2}{64}+\frac{1}{64}$$

$$=\frac{127}{64}$$

답: $\frac{127}{64}$

【다른 해답】 합 S_n을 다음과 같이 정의한다(이때, S_6을 구하려는 값이 된다).

$$S_n=\frac{1}{1}+\frac{1}{2}+\frac{1}{4}+\frac{1}{8}+\frac{1}{16}+\cdots+\frac{1}{2^{n-1}}+\frac{1}{2^n}$$

양변에 $\frac{1}{2}$을 곱한다.

$$\frac{1}{2}S_n = \frac{1}{2}\left(\frac{1}{1} + \frac{1}{2} + \frac{1}{4} + \frac{1}{8} + \frac{1}{16} + \cdots + \frac{1}{2^{n-1}} + \frac{1}{2^n}\right)$$

$$= \frac{1}{2} + \frac{1}{4} + \frac{1}{8} + \frac{1}{16} + \frac{1}{32} + \cdots + \frac{1}{2^n} + \frac{1}{2^{n+1}}$$

$$= -\frac{1}{1} + \left(\frac{1}{1} + \frac{1}{2} + \frac{1}{4} + \frac{1}{8} + \frac{1}{16} + \frac{1}{32} + \cdots + \frac{1}{2^n}\right) + \frac{1}{2^{n+1}}$$

$$= -\frac{1}{1} + S_n + \frac{1}{2^{n+1}}$$

따라서,

$$\frac{1}{2}S_n = -\frac{1}{1} + S_n + \frac{1}{2^{n+1}}$$

이 성립한다. 이것을 다음과 같이 S_n에 대해 풀면 S_n을 얻을 수 있다.

$$\frac{1}{2}S_n = -\frac{1}{1} + S_n + \frac{1}{2^{n+1}}$$

$$\frac{1}{2}S_n - S_n = -\frac{1}{1} + \frac{1}{2^{n+1}}$$ S_n을 이항했다.

$$\left(\frac{1}{2} - 1\right)S_n = -\frac{1}{1} + \frac{1}{2^{n+1}}$$ 좌변을 S_n으로 묶었다.

$$-\frac{1}{2}S_n = -1 + \frac{1}{2^{n+1}}$$ 계산했다.

$$S_n = 2 - \frac{1}{2^n}$$ 양변에 −2를 곱했다.

따라서

$$S_n = 2 - \frac{1}{2^n}$$

을 얻었다. 구하고자 하는 합

$\frac{1}{1} + \frac{1}{2} + \frac{1}{4} + \frac{1}{8} + \frac{1}{16} + \frac{1}{32} + \frac{1}{64}$ 은 S_6이므로,

$$S_6 = 2 - \frac{1}{2^6} = 2 - \frac{1}{64} = \frac{127}{64}$$

답 : $\frac{127}{64}$

••• 문제 5-3 (급수 구하기)

수열 $\langle a_n \rangle$의 일반항이

$$a_n = \sum_{k=1}^{n} \frac{1}{2^k}$$

일 때,

$$\lim_{n \to \infty} a_n$$

을 구하시오.

〈해답 5-3〉

$\lim_{n \to \infty} a_n$ 을 구한다는 것은 n이 1, 2, 3, …처럼 점점 커질 때, a_n이 한없이 가까워지는 값을 구하라는 것이다. 우선 a_n을 계산한다.

$$a_n = \sum_{k=1}^{n} \frac{1}{2^k}$$

$$= \frac{1}{2} + \frac{1}{4} + \cdots + \frac{1}{2^n}$$

이므로, 해답 5 − 2의 S_n을 이용하면

$$a_n = S_n - 1$$

$$= \left(2 - \frac{1}{2^n}\right) - 1 \qquad S_n = 2 - \frac{1}{2^n} \text{ 로 했다.}$$

$$= 1 - \frac{1}{2^n}$$

이라는 것을 알 수 있다.

n이 1, 2, 3, …처럼 점점 커질 때, $\frac{1}{2^n}$은 0에 한없이 가까워지므로, $a_n = 1 - \frac{1}{2^n}$은 1에 한없이 가까워진다. 따라서,

$$\lim_{n \to \infty} a_n = 1$$

을 얻었다.

답: $\lim_{n \to \infty} a_n = 1$

이 책에 실린 수학 토크보다 한 걸음 더 나아가 '좀 더 생각해 보길 원하는' 당신을 위해 다른 종류의 문제를 싣는다. 그에 대한 해답은 이 책에는 실려 있지 않고, 각 문제의 정답이 하나뿐이라는 제한도 없다.

당신 혼자 힘으로, 또는 이런 문제를 함께 토론할 수 있는 사람들과 함께 곰곰이 생각해 보기를 바란다.

제1장 늘어선 수, 퍼져 나가는 수

●●● 연구문제 1-X1 (문자로 나타내기)

타일로 다음과 같은 도형을 만들었다. 가로로 n장의 타일을 늘어놓았을 때, 전부 몇 장의 타일이 필요한가?

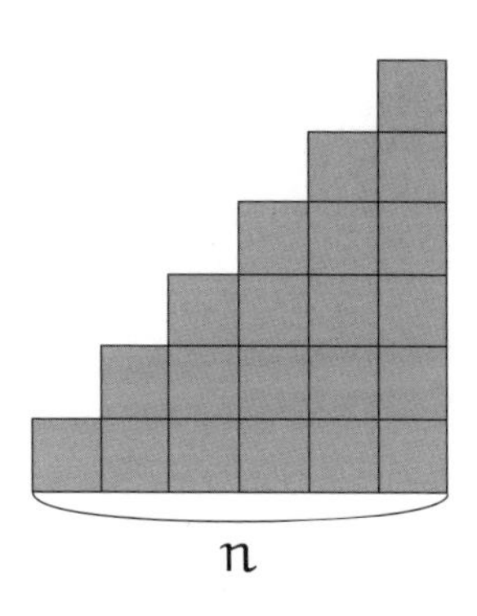

●●● 연구문제 1-X2 (모든 항이 0보다 큰 계차수열)

계차수열의 모든 항이 0보다 클 때, 원래 수열에 대해 어떤 사실을 알 수 있을까?

●●● **연구문제 1-X3 (계차수열을 구해도 변하지 않는 수열)**

계차수열의 원래 수열과 같아지는 일이 있을까? 즉, a, b, c, d, …라는 수열의 계차수열이 a, b, c, d, …인 경우가 있을까?

제2장 시그마의 경이로움

●●● 연구문제 2-X1 ($\sum$ 계산하기)

다음 식을 가능한 한 간단히 하시오.

$$\sum_{k=1}^{n}(2k-1)+\sum_{k=1}^{n}2k$$

●●● 연구문제 2-X2 ($\sum$ 계산하기)

다음 식을 가능한 한 간단히 하시오.

$$\sum_{k=1}^{n}(a_{k+1}-a_k)$$

●●● 연구문제 2-X3 ($\sum$를 사용하여 나타내기)

합을 나타낼 때는

$$\sum_{k=1}^{50}a_{2k-1}$$

처럼 '상한'과 '하한'을 지정하는 방법 이외에도

$$\sum_{\substack{1 \leq k < 100 \\ k\text{는 홀수}}} a_k$$

처럼 아래 첨자에 대한 조건을 지정하는 방법도 있다. 각각의 장단점을 생각해 보시오.

제3장 친애하는 피보나치

●●● 연구문제 3-X1 (2의 거듭제곱)

제3장에서 유리는 1024라는 2의 거듭제곱수를 발견했다. 주위에서 2의 거듭제곱으로 되어 있는 수를 찾아보시오.

●●● 연구문제 3-X2 (증명에 대한 보충)

143쪽에서 '조금만 생각해 보면'이라고 했던 부분을 증명해 보시오.

A, B, C, D는 모두 0부터 9까지의 정수라고 하자. A + B의 일의 자리와 D + B의 일의 자리가 C와 같다고 할 때, A = D임을 증명하시오.

●●● 연구문제 3-X3 (피보나치 수열)

제3장에서 '나'와 유리는 피보나치 수열의 '일의 자리의 수'로 이루어진 수열에 대해 알아보았다. 이것은 피보나치 수열의 각 항을 '10으로 나눈 나머지'로 이루어진 수열을 알아본 것과 같다. 다양한 정수 n에 대해 피보나치 수열의

각 항을 'n으로 나눈 나머지'로 이루어진 수열을 알아보자. 재미있는 성질을 발견한 것이 있는가?

●●● 연구문제 3-X4 (증명과 수식)

제3장에서 문제1(119쪽)에 대해 생각할 때, '나'는 수식을 사용했다. 하지만 문제2(135쪽)와 문제3(138쪽)에 대해 생각할 때에는 수식을 거의 사용하지 않았다. 어떤 경우에 수식을 사용하고, 어떤 경우에 수식을 사용하지 않았던 것일까?

제4장 시그마를 씌울까, 루트를 씌울까

●●● 연구문제 4－X1 (수열에 대해 알아보기 위한 도구)

제4장에서는

- 계차수열 구하기
- 일반항의 식을 변형하기
- 그래프 그리기
- 전자계산기로 수치 구하기

등의 방법을 사용하여 수열에 대해 알아보았다. 당신이라면 이외에 어떤 도구를 사용하겠는가?

●●● 연구문제 4－X2 (수열을 비교하기)

제4장에서는 일반항이 다음의 식으로 표현되는 수열에 대해 알아보았다.

$$\sqrt{\sum_{k=1}^{n} k}$$

이 수열을 일반항이 다음의 식으로 표현되는 수열과 비교해 보시오.

$$1+\frac{\sqrt{2}}{2}(n-1)$$

••• 연구문제 4-X3 (수열에 대해 알아보기)

제4장에서는 일반항이 $\sum_{k=1}^{n} k$인 수열을 다양한 각도에서 살펴보았다. 그렇다면 일반항이

$$\sum_{k=1}^{n}\frac{1}{k}$$

인 수열에 대해 자유롭게 살펴보시오.

제5장 미스 주사위의 극한값

●●● 연구문제 5-X1 (수열의 일반항)

다음 수열의 일반항이 무엇인지 추측해 보시오.

1, 6, 20, 56, 144, 352, 832, 1920, 4352, 9728, ⋯

●●● 연구문제 5-X2 (등비수열의 합의 공식)

제1항이 a, 공비가 r인 등비수열 $\langle a_n \rangle$에 대해,

$$S_n = \sum_{k=1}^{n} a_k$$

를 a, r, n을 사용하여 나타내시오.

●●● 연구문제 5-X3 (접점)

제5장에서 '나'와 유리는 신기하게 생긴 주사위를 가지고 수열에 대해 살펴보았다. 보통의 주사위를 가지고 당신도 자유롭게 수열에 대해 생각해 보시오.

맺음말

안녕하세요, 유키 히로시입니다.

'수학 소녀의 비밀노트-수열의 고백'을 읽어주셔서 감사합니다. 시그마, 극한 등 약간 어려운 내용도 등장하지만 수열의 수수께끼를 풀어나가는 모습을 재미있게 읽으셨다면 저자로서 기쁘게 생각합니다. 숫자를 줄 세워 늘어놓은 것뿐인데, 수열은 어떻게 이토록 우리를 매료시키는 걸까요?

이 책은 케이크스(cakes)라는 웹사이트에 올린 인터넷 연재물 '수학 소녀의 비밀노트' 제31회부터 제40회까지의 분량을 재편집한 것입니다. 이 책을 읽고 '수학 소녀의 비밀노트' 시리즈에 흥미를 가지게 된 분은 부디 인터넷 연재물도 읽어 보세요.

'수학 소녀의 비밀노트' 시리즈는 쉬운 수학을 주제로 중학생인 유리, 고등학생인 테트라와 미르카, 그리고 '나', 이 네 사람이 즐거운 수학 토크를 펼치는 이야기입니다.

같은 등장인물이 활약하는 '수학 소녀'라는 다른 시리즈도 있습니다. 이 시리즈는 더욱 폭넓은 수학에 도전하는 수학 청춘 스토리입니다. 꼭 이 시리즈에도 관심을 가져 주세요. 또한 두 시리즈는 Bento Books에서 영어판으로 출판되었습니다.

'수학 소녀의 비밀노트'와 '수학 소녀', 이 두 시리즈 모두 응원해 주시기를 바랍니다.

집필 도중에 원고를 읽고, 귀중한 조언을 주신 아래의 분들과 그 외 익명의 분들께 감사드립니다. 당연히 이 책의 내용 중에 오류가 있다면 모두 저의 실수이며, 아래 분들께는 책임이 없습니다.

아사미 유타, 이가라시 다츠야, 이케지마 쇼지, 이시우 데츠야, 이시모토 류타, 이나바 가즈히로, 우에하라 류헤이, 우에마츠 야키미, 우치다 요이치, 오오니시 겐토, 가가미 히로미치, 가와카미 미도리, 가와시마 도시야, 기이레 마사히로, 기타가와 다쿠미, 기무라 이츠쿠, 구로세 신이치, 게즈카 가즈히로, 겐소 마나부, 우에타키 가요, 사카구치 아키코, 다카이치 유키, 다나카 가츠요시, 니시하라 하야카, 하나다 다카아키, 하야시 아야, 하라 이즈미, 본텐 유토리, 마에하라 마사히데, 마스다 나미, 마츠우라 아츠시, 미야케 기요시, 무라이 겐, 무라오카 유스케, 야마구치 다케시, 야마다 다이키, 요네우치 다카시, 미도엔미츠.

'수학 소녀의 비밀노트'와 '수학 소녀', 두 시리즈를 계속 편집해 주고 있는 SB 크리에이티브의 노자와 요시오 편집장님께 감사드립니다.

케이크스의 가토 사다아키 씨께 감사드립니다.

집필을 응원해 주시는 여러분들께도 감사드립니다. 여러분들의 성원 덕분에 2014년도 일본수학협회 출판상을 수상하게 되었습니다.

세상에서 누구보다 사랑하는 아내와 두 아들에게도 감사 인사를 전합니다.

이 책을 끝까지 읽어주셔서 감사합니다.

그럼 다음 '수학 소녀의 비밀노트' 시리즈에서 뵙겠습니다!

유키 히로시

www.hyuki.com/girl

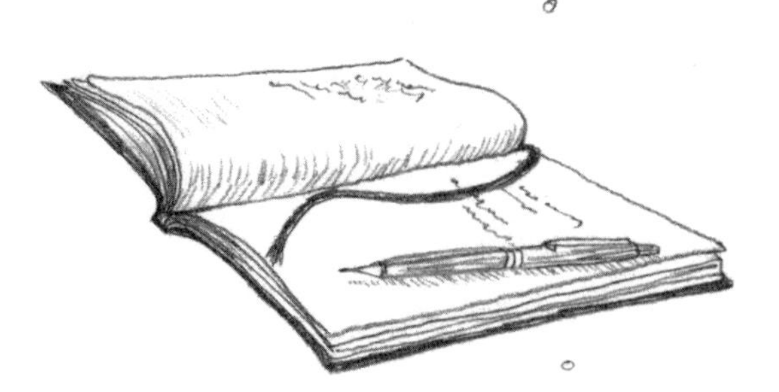